VOYAGE

DANS LES DÉPARTEMENS

DE LA FRANCE,

Enrichi de Tableaux Géographiques
et d'Estampes ;

PAR les Citoyens J. LA VALLÉE, ancien capitaine au 46e. régiment, pour la partie du Texte ; LOUIS BRION, pour la partie du Dessin ; et LOUIS BRION, père, auteur de la Carte raisonnée de la France, pour la partie Géographique.

L'aspect d'un peuple libre est fait pour l'univers.
J. LA VALLÉE. *Centenaire de la Liberté*. Acte Ier.

A PARIS,

Chez Brion, dessinateur, rue de Vaugirard, N°. 98, près le Théâtre François.
Chez Buisson, libraire, rue Hautefeuille, N°. 20.
Chez Desenne, libraire, galeries du Palais-Royal, numéros 1 et 2.
Chez l'Esclapart, libraire, rue du Roule, n°. 11.
Chez les Directeurs de l'Imprimerie du Cercle Social, rue du Théâtre-François, N°. 4.

1792.

L'AN PREMIER DE LA RÉPUBLIQUE FRANÇAISE.

Nota. Depuis l'origine de l'ouvrage, les auteurs et artistes nommés au frontispice l'ont toujours dirigé et exécuté.

Ouvrages du Citoyen JOSEPH LA VALLÉE.

Le Nègre comme il y a peu de Blancs.	3 vol.
Cecile, fille d'Achmet III.	2 vol.
Tableau philosophique du règne de Louis XIV.	1 vol.
Vérité rendue aux Lettres.	1 vol.
Serment civique, comédie en 1 acte.	1 br.
La Gageure du Pélerin, en deux actes.	
Départ des volontaires villageois, comédie en 1 acte.	
Voyage dans les 83 Départemens.	17 n^{os}.

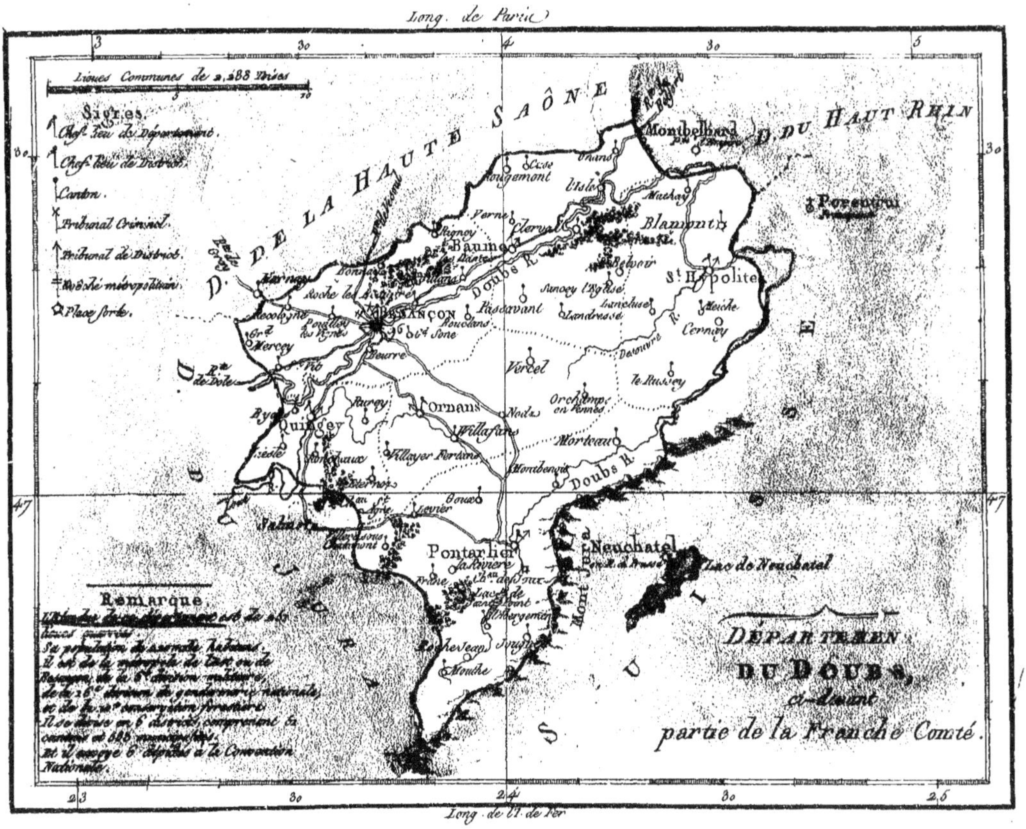

Long. de Paris
Lieues Communes de 2,288 Toises
Signes.
Chef lieu de Département.
Chef lieu de District.
Canton.
Tribunal Criminel.
Tribunal de District.
Evêché métropolitain.
Place forte.
D. DE LA HAUTE SAÔNE
D. DU HAUT RHIN
Montbelliard
Porentrui
Rougemont
L'Isle
Baume
Clerval
Blamont
St. Hypolite
BESANÇON
Doubs R.
Passavant
Landresse
Cernay
Vercel
le Russey
Ornans
Quingey
Villafans
Morteau
Doubs R.
Pontarlier
Neuchatel
Lac de Neuchatel
Mont Jura
Remarque.
DÉPARTEMENT
DU DOUBS,
ci-devant
partie de la Franche Comté.
Long. de l'I. de Fer

VOYAGE
DANS LES DÉPARTEMENS
DE LA FRANCE.

DÉPARTEMENT DU DOUBS.

La beauté de la nature, la difformité des préjugés, voilà donc, si l'on vouloit, à quoi se borneroit l'histoire du monde. Cette réflexion est affligeante, mais elle n'en est pas moins vraie. Quoi! le même soleil éclaire la cîme majestueuse du Jura et les lambeaux ridicules du S. Suaire! Quoi! près des murs où la grandeur romaine a vu le tems s'user sur l'ineffaçable empreinte de sa majesté, je verrai passer l'homme sans qu'il y jette un œil religieux; et, deux pas plus loin, il se prosternera devant un bourbier, parce que des imposteurs ont nommé ce bourbier fontaine de S. Lin. Homme! que fais-tu de ta raison! Hélas! si l'homme n'apprend rien, c'est qu'il passe sa vie à croire; c'est parce qu'il est crédule. Un mensonge se retient sans fatigue : il est peu de vérités qui ne soient pesantes! Qu'il est peu d'instans, dans la vie d'un homme, où, pour le voir, on ne soit obligé de le regarder dans un microscope.

Quatre cents ans de fondation avant Rome, telle est l'origine *lumineuse* de la ville de *Besançon*, chef-lieu de ce département. Comment le sait-on? Quelle trace en reste-t-il ? Voilà ce que l'on ne vous dira pas, parce que personne ne le sait, parce qu'il est physiquement impossible de le prouver. N'importe, on le croit, parce que ce mensonge lasse moins à croire que l'embarras de démontrer que c'est un mensonge.

Une tête trouvée dans les fondations du capitole fait promettre à Rome l'empire de l'univers : ce mensonge est cru, et l'esclavage de cent nations en est le résultat. Pourquoi ? c'est qu'un mensonge flatteur amuse l'orgueil, et que la réflexion de destruction que fait naître la tête d'un cadavre auroit été douloureuse.

Pendant qu'on répare Besançon, on trouve aux environs un de ces bœufs sauvages appelés *Vison* par les latins. Et de là, cent commentateurs, dont la plume s'exerce pour prouver que c'est de ce nom *Vison* que dérive le nom de Besançon. Cent volumes sur une fable, pas une ligne sur les vertus de ses habitans. Pourquoi ? c'est qu'il en coûte moins pour s'appesantir sur une fable puérile, que pour discuter dans une seule page la nécessité des vertus de l'homme, pour rendre ses établissemens durables.

Besançon est long-tems appelée *Chrisopolis*, ville d'or. Un million de recherches pour démontrer que ce nom lui vient d'une monnoie qu'un tyran y fit battre, et pas un mot sur les paillettes d'or que roule le Doubs dans ses flots, origine bien simple de ce nom de *Chrisopolis*. Pourquoi ? c'est que par un mensonge on encense les tyrans, et qu'une vérité sur les bienfaits de la nature rappelle des devoirs ; et que le souvenir des devoirs lasse et n'enrichit pas.

Préjugés par-tout, parce que le mensonge est en honneur; l'argument de l'histoire du monde étant l'imposture, il faut bien que les chapitres en soient des préjugés.

Quatre vers latins, que l'on a vus long-tems dans l'arsenal de Besançon, ont accrédité l'antiquité de sa fondation de quatre cents et tant d'années avant celle de Rome.

Martia Romulidum senior Visuntio gente
Magnanimos habui Martis in arte viros :
Nondùm Cæsar eras, nec lilia sceptra gerebant,
Cùm cessit jussis sequana terra meis.

César, dans son premier livre de la guerre des Gaules, parle avec éloge de la ville de Besançon : il la cite comme une des plus fortes et des plus belles de son tems. Elle est, dit-il, enveloppée de tous côtés par la rivière, excepté l'espace de six cents pas, qui est fermé par une haute montagne. Cette montagne est elle-même entourée d'une haute muraille, ensorte qu'elle forme une forteresse qui défend toute la ville.

Tout confirme encore aujourd'hui la véracité du récit de César. Les restes d'un superbe amphithéâtre, d'environ cent vingt pieds de diamètre, une multitude de ruines de temples, de palais, de bains publics, de portiques, etc. annoncent qu'en effet elle rivalisa, du moins pour les arts, avec la reine du monde. Nombre de quartiers et de rues retiennent encore aujourd'hui les noms romains, où l'on en retrouve l'étimologie au milieu de la corruption du langage.

Les Cles, *Sacrasepta* : le Champ-de-Mars, *Campus-Martius* : Romlhau, *Collis-Romæ* : Champ-Carnau, *Campus-Carnæ* : la rue de Rhée, *vicus Rheæ* : la rue de la Vennie, *vicus Veneris*.

Son plus grand période de splendeur fut sous l'empire d'Aurélien, et elle le dut à la flatterie. Un arc de triomphe qu'elle éleva en l'honneur de ce prince, lui valut son attention, et il se plut à l'embellir. Elle fut ensuite ruinée sous le règne de Julien par les Allemands. Rétablie depuis, elle se vit encore l'objet des ravages d'Attila. Enfin, les Bourguignons la rebâtirent, et nous l'ont laissée à-peu-près dans l'état où nous la voyons maintenant.

Le Doubs, qui l'entouroit autrefois, la partage aujourd'hui en deux parties à-peu-près égales, dont l'une s'appelle la haute et l'autre la basse ville. Quelques fontaines décorent les places de cette cité. Une de ces fontaines représente l'apothéose de Charles-Quint. Cet empereur, à cheval comme Jupiter sur un aigle à deux têtes, le front couvert de lauriers, tenant dans une main le globe du monde, et dans l'autre une épée nue, semble s'envoler vers le ciel. Cette manière d'apothéose est assez ridicule. Un empereur qui monte au ciel le globe de la terre dans les mains, ressemble assez à un homme qui se sauve avec ce qu'il a volé. L'aigle verse l'eau par ses deux têtes. Des méchans pourroient prétendre que c'est une épigramme, et que cela veut dire que l'immortalité des *rois* ne laisse que de l'eau à boire aux peuples. On lit au-dessus de la statue ces mots : *plût à Dieu*. On pourroit donner plusieurs interprétations à ce *plût à Dieu* ;

plût à Dieu que Charles - Quint n'eût jamais existé : *plût à Dieu* que l'on n'eût jamais élevé de statues aux *hommes rois* : *plût à Dieu* que tous les rois fussent dans la tombe comme celui-ci.

Il y a trois autres fontaines ; l'une représente un Bacchus ; l'autre un Neptune ; et la troisième une jeune Nymphe presque nue, et dont les seins versent l'eau. Le Neptune se trouvoit précisément vis-à-vis le couvent des carmes. Cette distribution est maladroite : c'étoient le Bacchus et la Nymphe qui devoient être à la porte des carmes.

Besançon, qui long-tems fut ville libre et impériale, fut cédée à l'Espagne par l'empereur, en échange de *Frankendal*, par le traité de Munster. Vous n'entendrez pas trop bien, mon cher Concitoyen, comment une ville *libre* peut être échangée par un *empereur* avec un *roi*. Mais cette liberté n'étoit qu'une chimère. Le plus grand malheur qu'un peuple doive éviter, c'est la liberté partielle. Il faut que la liberté soit une, pleine, entière et générale pour se maintenir : il faut que, née de l'insurrection, elle évite, comme elle, d'être morcelée, sans cela l'esclavage est proche. Cependant cette liberté précaire des villes dites libres avoit quelqu'ombre du pouvoir populaire, et ces villes sembloient jetées sur la terre comme des vestales pour conserver le feu sacré. Besançon, passée sous la domination de l'Espagne, se gouverna encore en république par son magistrat, composé de quatorze gouverneurs, et de vingt-huit notables, élus tous les ans par une assemblée populaire, composée de tous les chefs de famille. Ce gouvernement étoit une espèce de représentation populaire. Mais Louis XIV, ce grand ennemi des peuples, s'étant emparé de Besançon en 1674, abolit cette forme de gouvernement, et remplaça ce magistrat par un bailliage, un corps d'échevinage, une intendance, et enfin par un parlement, c'est-à-dire, par toutes les monstruosités qui multiplient l'oppression.

Comme l'observe Voltaire, de petites rivalités de courtisans firent passer la *Franche-Comté* sous le joug de Louis XIV. *Condé* étoit jaloux de *Turenne*, et *Louvois* l'étoit de la faveur du *maître*. *Turenne* avoit mis peu de temps à conquérir la Flandre française : *Condé* voulut effacer cette gloire en conquérant la *Franche-Comté* en moins de temps encore ; il confia son projet à *Louvois* qui le saisit avec ardeur, moins par l'avantage qui en revenoit à la France que parce que cela humilioit *Turenne* qu'il haïssoit, et le rendoit pour ainsi dire inutile.

La corruption, plus que les armes, fit la conquête de la *Franche-Comté*. Un homme long-temps officier, long-temps chartreux, long-temps musulman, alors abbé, mais toujours intrigant, et frère d'un ambassadeur d'Espagne à Londres, fameux par l'insulte (1) dont Louis XIV tira une si grande vengeance, *Vatteville* enfin fut le premier acheté. On lui promit qu'il seroit grand doyen de la cathédrale, et pour devenir le premier d'un chapitre, il consentit d'être le dernier de la terre. Cet homme corrompu en corrompit bien d'autres ; toute la *Franche-Comté* fut marchandée. Le marché fait, vingt mille hommes parurent, et la conquête fut l'affaire d'un jour : et tous les bas valets de la flatterie crièrent dans l'Europe au miracle, et placèrent Louis XIV au rang des dieux. Une telle conquête coûtoit-elle beaucoup à sa valeur ? *Thersite* à ce prix eût été un grand conquérant. Louis XIV se glorifiant de la conquête de la *Franche-Comté*, ressemble à Néron s'énorgueillissant des applaudissemens donnés à sa voix rauque et fausse, tandis qu'il les a payés dix millions de sesterces.

On dit que Besançon, en ouvrant ses portes, ne demanda d'autre grace que la conservation du *Saint-Suaire*, et l'on dit une sottise : c'est ainsi que, dans tous les temps, on a calomnié le peuple. Il falloit dire que les prêtres menteurs avoient fait entendre au peuple que, sous quelque gouvernement qu'il se trouvât, il seroit toujours heureux, s'il conservoit le S. *Suaire*, et qu'après avoir trompé le peuple, ils trompèrent le vainqueur en lui persuadant que ce S. *Suaire* conservé suffiroit seul pour faire adorer son règne.

La citadelle de Besançon est extrêmement forte par sa situation. C'est plutôt un rocher taillé qu'une muraille construite. Ce rocher est d'une hauteur prodigieuse. Les fortifications s'élèvent en amphithéâtre jusqu'au sommet. Cette citadelle, pour ainsi dire unique dans son genre, est séparée de la campagne par un énorme fossé creusé dans le roc à une grande profondeur.

Ce fut Louis XIV qui fit réparer et augmenter les fortifications de cette ville. La haute-ville est entourée d'une muraille flanquée de huit tours bastionnées. L'enceinte de la basse-ville est beaucoup plus irrégulière, et consiste en trois grands bastions et autant de demi-lunes.

Telle est à-peu-près cette ville, chef-lieu du département du Doubs, frontière de la Suisse. Il est assez fertile, et la variété de son territoire contribue à la variété des denrées que l'on y recueille. On y trouve également des grains de toute espèce et des bois de charpente superbes, des chanvres et des lins à côté des mines de fer, de plomb, de cuivre, d'argent et de charbon de terre, des vins excellens auprès des carrières de marbre blanc, noir, jaspé, des simples, de l'albâtre, des curiosités naturelles, des eaux minérales, des verreries, des forges. L'industrie s'attache à des manufactures de bas de fil, de bonneterie, de draperies, de soieries, de filoselles et de coton. Mais ce sont sur-tout les bestiaux qui forment la majeure partie de ses richesses, et ses forges, ses papeteries et ses verreries jouissent d'une réputation méritée.

Le climat de ce département et le caractère de ses habitans sont à-peu-près les mêmes que ceux de la Haute-Saône. Il est impossible que le voisinage des montagnes ne contribue à l'intempérie des saisons. Les hivers y sont communément excessivement froids, et quelquefois les chaleurs des étés y sont insupportables. C'est un des cantons de la France où les orages sont les plus terribles : ils ont quelquefois cette grande majesté et cet appareil formidable que l'on admire dans ceux des rivages de l'Afrique, et que les marins appellent tambours de *Galam*. Les *Francs-Comtois*, comme nous l'avons dit dans le voyage précédent, sont naturellement bons, dissimulés en public, mais ouverts et confians dans la société privée. Nous verrons, dans le département du Jura, cette nuance changer, et les hommes des montagnes entièrement rendus à cette franchise, le plus digne attribut de l'humanité.

L'esprit de liberté et d'égalité a fait ici des progrès rapides, et l'intervalle de l'esclavage à la liberté y fut bien moins grand qu'ailleurs. Ce n'est donc pas toujours les lumières et la philosophie qui préparent et assurent les révolutions, mais elles les affermissent et les consolident. Les révolutions tiennent aux habitudes de l'esprit, aux dispositions de l'ame et du cœur, et sur-tout à l'ennui des convenances. Et le pays le plus abruti sous les préjugés et les superstitions, est peut-être plus mur pour les secousses révolutionnaires, que celui où les connoissances ont graduellement sarclé toute l'ivraie des abus. La société populaire de Besançon est une de celles qui s'est le plus vîte élevée à la hauteur des principes, et Besançon fut la première ville où l'on forma une assemblée gratuite de lecture, où le peuple et les soldats venoient entendre chaque jour les décrets, et le récit des évènemens importans à la chose publique, et où des hommes instruits expliquoient à leur intelligence ce que le génie du législateur laisse quelquefois à deviner.

Dans un esprit bien différent, Besançon avoit dans ses murs une académie des sciences, belles-lettres et beaux arts, c'est-à-dire, une de ces assemblées fameuses, dont la devise étoit : *nul n'aura de l'esprit que nous et nos amis*. Les académies étoient une coalition que les tyrans et leurs ministres avoient fondée contre le progrès des lumières. Donner le privilége exclusif des connoissances à une société quelconque, c'est imposer la loi à la grande société humaine de se passer de connoissances. C'étoit un des calculs le plus fin de la tyrannie pour retenir les peuples dans l'ignorance. Les despotes, par-là, armoient adroitement l'orgueil de quelques hommes contre les efforts du génie des autres hommes, dont l'éternelle propension vers la liberté des opinions ne pouvoit qu'être étouffée par l'amour-propre, toujours en garde contre les rivalités. Voilà pourquoi les académiciens, personnages fort estimables d'ailleurs, se sont, au réveil de la liberté, trouvés très-honteux d'avoir été, pendant des siècles, les complices de ceux même que leur profession devoit indiquer à leur mépris, et que, ne pouvant nier cette complicité involontaire, ils n'ont véritablement rencontré aucune raison plausible pour se maintenir dans l'estime publique qu'ils avoient usurpée, plutôt que méritée.

Cette académie a été instituée en mil sept cent cinquante-deux, et elle a eu pour *protecteur le duc de Tallard*. Les académies de Paris avoient *le roi* pour protecteur. Les académies de provinces quelques-uns de ses valets : c'est à-peu-près comme le curé de village : il dîne avec *la dame* du château, et le vicaire avec la femme-de-chambre. O honte! et vous vous titriez de gens-de-lettres, écrivains de l'ancien régime! et vous vous annonciez les philosophes par excellence! et vous osiez dire que vous teniez à la philosophie ! comme si le ver qui rampe sur la rose pouvoit dire qu'il appartient à la fleur. Que vous méritiez bien, *Daves* de la littérature, d'avoir des esclaves pour protecteurs ! vous parliez philosophie, égalité, humanité avant la révolution ; depuis que la liberté les a fait naître, cette philosophie, cette égalité, cette humanité, vous avez déserté leurs enseignes, vous avez fui ; vos noms fameux alors sont maintenant ignorés : cependant vous nous opprimiez, vous nous victimiez, parce que nous méprisions vos protecteurs, nous écrivains, dont vous vouliez étouffer les talens ; savez-vous pourquoi nous vous avons survécu ? C'est que nous avons toujours eu le courage de penser ce que nous écrivions.

L'école d'artillerie de Besançon étoit célèbre : et c'est une des villes de la république où l'on fabrique les meilleures armes, soit blanches, soit à feu. Nous avons parcouru avec intérêt les différentes manufactures où on les forge.

Les amateurs de l'histoire naturelle trouvent dans les environs de cette ville de nombreux objets pour leur curiosité ; la terre y est semée de bélemnites, de sabots, de pourpres, de pierres numismales, de limaçons de toutes espèces. A Mieri et Burille, l'on trouve des boucardes en abondance. On ramasse dans les vignes de petites pierres longues et étroites, en forme de quilles, dont le cœur représente des étoiles régulières. Dans les carrières, à plus de six cents pieds de profondeur, l'on voit de petits globules gros comme des pois, que l'on appelle dragées de pierre. Mais ce sont sur-tout les cornes d'ammon pierreuses que l'on y découvre fréquemment. Nous en avons vu qui avoient jusqu'à trois pieds et demi de diamètre. Il est des amas de pierres ou gazons qui en contiennent plusieurs, mêlées avec d'autres coquilles fossiles. C'est sur-tout dans un village éloigné de Besançon d'une lieue, et que l'on nomme Pouilley, que nous en avons trouvé d'une beauté rare.

Les marbres noirs que l'on extrait des carrières de ce même village, sont extrêmement estimés. Les blocs en sont énormes, et il prend le plus beau poli. Non loin de là, à Arguel, nous en avons vu d'une autre espèce de noir tacheté, ou, pour mieux dire, moucheté de blanc. Il est peu commun, et l'on n'en use que pour les ornemens ou les colonnes d'église. Le chœur de l'église des jésuites de Namur est entièrement de ce marbre noir et blanc d'Arguel. Le reste de l'église est d'un marbre jaune et gris. Je n'ai vu, dans mes voyages en Europe, que deux églises ainsi entièrement en marbre, et toutes deux aux jésuites, à Namur et à Manheim.

Nous vous envoyons une vue de Besançon. Autrefois un voyageur n'auroit pas oublié d'y joindre celle du *S. Suaire* : mais il faut laisser à la superstition un misérable linceuil pour l'ensevelir, et se bien garder aujourd'hui de tirer ce linceuil de la poussière des tombeaux dont il n'auroit jamais dû sortir. Rien n'étoit moins authentique que ce *S. Suaire*, que chaque année tous les badauts, de vingt lieues à la ronde, venoient pieusement adorer. C'étoit, si l'on ne nous a pas trompés, à la Pentecôte (2), que, du haut des tours de la cathédrale, on exposoit à la

Besançon

vénération publique cette antique relique. Les diseurs d'évangiles, les aubergistes et les filles publiques perdront à l'abolition de cet usage. Pour les en dédommager, il est bon de leur apprendre que, quoiqu'il n'y ait qu'un Christ, il y a eu plus d'un prêtre, en conséquence plus d'un mensonge, en conséquence plus d'un S. Suaire. Celui de Besançon réformé, il en reste trois en Italie, un en Espagne, un autre en Allemagne. Tous sont aussi bons l'un que l'autre, mais moins que celui de Besançon pourtant, car il étoit tout neuf. Depuis quelques années, on l'avoit fait refaire, et quelque secret que les chanoines aient mis dans cette refonte de S. Suaire, il a percé.

Il eût été singulier que, dans une *province* où le clergé et la *noblesse* dominoient, les joujoux de l'orgueil n'eussent pas été communs. Les chanoines portoient la toge épiscopale. D'autres, que l'on appeloit du *S. Esprit*, portoient la colombe sacrée sur la poitrine. Cette colombe étoit d'or émaillé. Il existoit ensuite un ordre de chevalerie qui n'étoit affecté qu'à cette *province*. Son titre étoit *S. George*. Un petit cheval d'or, surmonté d'un cavalier de même métal, étoit la marque distinctive des *nobles chevaliers*. Le rire vous prend, lorsque l'on pense à ces nombreux enfantillages des hommes de tous les pays : on pardonneroit volontiers à ces grands enfans s'ils n'avoient fait que regretter ces petites mascarades : mais l'indignation presse l'homme de bien, quand il voit ces mêmes enfans, transformés en tigres dévorans, se jeter sur leur patrie, en déchirer les entrailles, s'abreuver de son sang pour venger la perte de la décoration ridicule d'un orgueil mal-adroit.

Les grottes d'Aussel vous intéresseront davantage sûrement que l'origine du *S. Suaire* et des *chevaliers de S. Georges*. Notre curiosité nous sollicitoit impérieusement à visiter ces grottes fameuses. On nous assuroit que toute l'année elles fournissoient de la glace à tout le canton, qu'elle ne s'épuisoit jamais, qu'un jour de grande chaleur suffisoit pour y reproduire plus de glaces qu'on ne pouvoit en emporter dans six semaines; que cette glace étoit formée par un ruisseau dont l'onde n'est glacée qu'en été, tandis qu'elle coule abondamment en hiver. Que les vapeurs dont cette grotte est quelquefois couverte est un présage de pluie qui n'a jamais trahi l'œil observateur du villageois, et mille autres contes semblables que la crédulité saisit, mais que l'homme de bon-sens pèse au creuset de la raison et de l'expérience, avant de leur accorder quelque estime.

Cette grotte, ou plutôt cette caverne, est à cinq lieues de Besançon. Elle nous a paru creusée par la nature, dans une montagne couverte de chênes antiques; l'entrée en est assez facile : elle est spacieuse, inégalement élevée, et ses parois nous ont paru encroutés de salpêtre et de sels de nitre et ammoniac. La température de l'air qu'elle contient nous a paru, à peu de choses près, la même que celle de l'air extérieur. Quant à la glace qui s'y forme et se renouvelle sans cesse, nous pouvons presque assurer que c'est une fable. Les eaux qui y coulent ne sont point celles d'une fontaine, ce sont tout uniment des eaux, ou de

pluie

pluie ou de neige fondue qui y filtrent, et quand il s'y trouve de la glace, c'est comme par-tout ailleurs en hiver. La profondeur de la caverne, les sels dont ses terres sont imbibées peuvent concourir à y conserver au printemps les eaux dans un état de congélation plus long qu'à l'extérieur, et voilà ce qui aura donné lieu aux prétendues merveilles des grottes d'Aussel.

Mais en les dépouillant du merveilleux qu'elles n'offrent pas, il faut leur accorder celui qui leur appartient, et vous verrez que parce qu'elles ne fournissent pas éternellement des glaces, elles n'en sont pas moins curieuses. D'abord l'on y descend par un escalier d'une vingtaine de marches, qu'un intendant, appellé Beaumont, a fait tailler dans le roc. Cet escalier conduit à une espèce de vestibule de 25 pieds de large sur 50 de long. De ce vestibule, on passe successivement dans plusieurs pièces plus ou moins grandes, et l'on fait ainsi à peu-près une demi-lieue, jusqu'à ce que l'on arrive enfin dans une vaste salle, où le roc laisse appercevoir si peu d'interstice, que l'on croiroit volontiers que c'est un seul bloc que l'on auroit creusé : la voûte en est presque plate dans 150 pieds de longueur, sur 80 de largeur. L'élévation de cette salle n'est pas proportionnée à son étendue ; elle n'a presque par-tout que neuf pieds de haut. Son plancher est d'un sable extrêmement fin, sec et brillant. C'est à l'une des extrémités de cette salle que se trouve le ruisseau, ou, pour mieux dire, la cuve que l'on prétendoit fournir de la glace pendant l'été. Cette cuve est très profonde, et l'on assure

B

dans le pays que l'on a cherché à la sonder avec deux boulets ramés, et que sept cents brasses de cordes n'ont pas suffi pour faire parvenir ces boulets à fond. On quitte cette salle, et l'on communique par un pont de bois à d'autres cavernes, que l'on parcourt à-peu près encore pendant une demi-lieue, par des passages tantôt faciles, tantôt si bas, qu'il faut ramper pour les franchir. Toutes ces cavernes renferment des crystallisations, où la nature semble s'être plue à copier les chefs-d'œuvre des arts. On y remarque des colonnes de toutes grosseurs, des espèces d'autels, de statues, de tombeaux, de figures bizarres posées sur des consoles, des buffets d'orgues, des ruches, des piédestaux, et les plafonds semblent garnis de fusées à-peu-près semblables à ces aiguilles de glaces que l'on voit pendre pendant les hivers aux toîts des maisons. Toutes ces figures, que l'œil admire avec étonnement dans ces cavernes, se sont formées à la longue par une sorte de fluide visqueux qui suinte sans cesse des voûtes et des murailles, et qui prend diverses formes, suivant les différentes inclinaisons du plan sur lequel il coule. Cette matière se fige et se pétrifie à la longue, et demeure transparente et brillante; et c'est de là que sera née l'erreur des glaces prétendues des grottes d'Aussel.

L'air, renfermé dans ces cavernes, est extrêmement immobile; la fumée qui s'exhale des flambeaux dont on se sert pour les parcourir, reste long-tems sans mouvement, et ne se dissipe que quand on l'agite, soit avec un chapeau, ou quelqu'autre chose. Tous les corps formés par cette matière pétrifiante

Grottes D'osselles.

sont sonores, lorsqu'on les frappe d'un bâton, et les différens sons qu'ils rendent ne sont pas l'effet le moins étonnant que l'on remarque dans ces grottes singulières. Il seroit dangereux d'y laisser éteindre les flambeaux, et l'on se perdroit infailliblement dans ce labyrinthe souterrein. C'est un accident semblable que l'abbé de Lille a peint avec une vérité terrible dans son beau poëme de l'imagination ; mais je crois qu'il a placé sa scène dans les grottes de St. Pierre, près Mastricht, qui, sous bien des rapports, ont de la ressemblance avec celles-ci.

Ces grottes d'Aussel, dont la gravure vous donnera quelqu'idée, sont auprès de *Quingey*, petite ville assez agréable, et dont les environs nous ont paru assez fertiles, quoique d'un produit médiocre, si l'on en excepte une plaine de deux lieues à-peu-près en tout sens, que l'on trouve entre ce canton et Salins. Nous y avons visité deux forges, appellées l'une *Châtillon*, l'autre *Chenecey*, mais dont le mérite de la matière n'est pas le même. Le fer de *Châtillon* est mauvais et cassant ; celui de *Chenecey*, au contraire, est doux et d'un bon usage.

En quittant Quingey, nous avons voulu voir *Ornans*, où les singularités de la nature nous appeloient encore. Cette petite ville, assise comme la précédente sur la rivière de la *Louve*, est aux pieds des montagnes. Sa population est peu considérable, et il y règne peu d'opulence. C'est là que l'on nous a fait voir un puits sujet à un reflux assez étonnant. A la suite des grandes pluies, cette espèce de réservoir, extrêmement profond, déborde avec tant d'abondance, qu'il inonde toute la campagne voisine. Lorsque ces eaux se retirent, elles laissent sur le terrein une sorte de poissons que, dans le pays, on appelle *Umbres*, et qui sont inconnus par-tout ailleurs.

Non loin d'Ornans, on trouve encore des cavernes semblables à celles de Quingey ou d'Aussel, et de même ornées de superbes congélations. La fontaine qui coule dans cet endroit, a la propriété de pétrifier tous les corps qu'elle mouille. On trouve communément, en fouillant dans les environs, et surtout auprès du village de Looz, des oursins, des vertèbres de poissons, des astroïdes, du bois pétrifié, des entroques cylindriques, entières ou séparées en tronçons. Enfin, si l'on en jugeoit par les débris que l'on y rencontre à chaque pas, on seroit porté à croire que les eaux de la mer ont long-tems couvert cette partie du globe.

Après Besançon, la ville la plus intéressante de ce département est Pontarlier, clef de la France, qui se trouve au passage le plus commode pour entrer en Suisse. Ce passage n'étoit pas encore ouvert sous César, mais il le fut sous Auguste, et Strabon nous l'apprend. Ce ne fut qu'alors qu'il devint fréquenté, et que, pour la commodité des voyageurs, il s'y forma des habitations. Elles s'accrurent par la suite, lorsque les Bourguignons furent appelés pour garder les frontières d'Italie, et placés le long du Jura, où se trouvoient les principales communications entre Bâle et Genève. Pontarlier, qui successivement porta dix noms différens : *Pons Claverici*, *Pons Alei*, *Pons*

Arleti, *Pontalia*, *Pons Ariæ*, etc. resta divisé en deux bourgs jusqu'au quatorzième siècle, dont l'un s'appeloit *Pontarlier*, l'autre *Morieux* : mais aujourd'hui il ne reste plus, pour ainsi dire, que la partie appelée *Pontarlier*, et c'est cette partie qui est proprement la ville. Elle ne consiste qu'en une seule rue ; mais cette rue est belle, grande, bien alignée, et composée de maisons en pierres de taille, uniformement bâties, et d'une architecture élégante. Jadis cette ville n'étoit couverte qu'en *clayons*, espèces de petites planches qu'ailleurs on nomme *mérin* ; mais réduite deux fois en cendres, d'abord en 1736, et depuis, plus nouvellement encore, l'on a renoncé à un genre de couverture si dangereux, et l'on y a substitué les tuiles, après avoir long-tems cherché dans les environs une terre propre à les manufacturer. Une muraille antique est la seule défense de *Pontarlier*, mais à l'entrée du passage de la Suisse, on a construit, sur un rocher presqu'inaccessible, un fort, que l'on nomme château de *Joux*, et c'est ce château qui protége le passage.

Le climat, dans cette partie du département du Doubs, est extrêmement froid, et il n'y a point de transition entre l'hiver et l'été, qui ne se fait sentir que très-tard. Tout ce canton est hérissé de hautes montagnes, presque toutes arides et pelées, et l'on n'y rencontre que rarement quelques bois nains, et quelques pâturages communs pour la nourriture des bestiaux des communes qui les avoisinent. Non loin de Pontarlier se trouve l'abbaye du mont S. Benoît, long-tems fameuse dans ces cantons dont l'aspect semble annoncer des déserts ; et c'est au milieu de l'aridité présque générale que l'on rencontre un vallon appelé *Corne d'abondance*, ou *Combe d'abondance*.

Les habitans de ces climats stériles n'ont d'autres ressources que le commerce des chevaux, du bétail, et du fromage. Avant la révolution, celui des chevaux étoit pour ainsi dire réduit à rien, à cause des entraves auxquelles le peuple étoit asservi par le régime odieux et tyrannique des haras. Croiriez-vous que l'on percevoit un droit sous le nom de pensions des étalons *réunis*, qu'on avoit établis dans ces cantons sur le pied des *étalons royaux*, et que toutes les jumens, bonnes ou mauvaises, du pays étoient obligées de payer un droit de *saillie*, soit qu'on les présentât ou non à cette *saillie* : ensuite on ne pouvoit se défaire à sa volonté des poulains qui en provenoient : ainsi, l'on payoit pour l'étalon, on payoit pour la jument, et l'on vous enlevoit souvent le poulain que vous aviez ainsi acheté avant sa naissance. Ces vexations épouvantables avoient totalement dégoûté les habitans du commerce des chevaux, que la liberté vient de leur rendre, et leur intérêt les avoit portés du côté du bétail rouge. Mais en évitant les fléaux de la cupidité *des rois*, ils éprouvoient souvent la rigueur de ceux de la nature, et une maladie vulgairement appelée la *murie*, commune dans cette partie, leur enlevoit la majeure partie de leurs bêtes à cornes.

Une des atrocités plus affreuses encore que l'ancien régime faisoit éprouver aux malheureux habitans de ces cantons, c'étoit l'obligation d'user du sel de

Montmorot. Or, il passe pour constant dans ce pays ci, que ce sel de Montmorot est d'une qualité malfaisante, que non-seulement il fait tomber le commerce des fromages et du lard, mais encore attaque les jours des habitans. Qu'arrivoit-il ? Ces infortunés montagnards alloient en Suisse racheter du sel de Salins, près de deux tiers plus cher que les Suisses ne l'achetoient en France. Ils rapportoient ce sel et le donnoient à leurs vaches, et, par économie, se réduisoient à n'user du sel de Montmorot que pour eux-mêmes. Par là, leurs vaches leur coûtoient plus, et la vente de leurs fromages leur rapportoit moins ; mais, le comble de l'infamie, c'est que ce sel, qu'ils rapportoient, passoit pour être de contrebande, et que s'ils étoient attrapés, ils alloient aux galères, parce qu'ils répugnoient à se servir de ce sel empoisonné, dit de *Montmorot*, que la ferme les forçoit à prendre. On supposeroit peut-être que du-moins leur donnoit-on la quantité qu'ils vouloient de ce sel malfaisant ; mais point du tout : la quantité étoit taxée, dans la crainte qu'habitant les frontières, ils ne le revendissent aux étrangers, et si les commis en trouvoient chez eux la plus foible quantité après certaine époque de l'année, ils étoient censés contrebandiers, et, comme tels, envoyés aux galères : et des hommes aveugles se flattent encore qu'un peuple qui a ressenti ces épouvantables vexations, et que la liberté en a délivrés, retourneroit comme un agneau à un régime tellement barbare ! Le penser est une démence. Il est bien plus naturel de croire qu'il périroit plutôt jusqu'au dernier avant d'y consentir.

Dans les environs de Pontarlier, les carrières fournissent du marbre jaspe-agathe. Ce marbre est du grain le plus fin. Le fonds en est couleur de chair, jaspé d'un rouge très-vif.

On voit encore auprès de Joux une fontaine singulière, appelée la fontaine *Ronde* (3), à cause de la figure de son bassin. Cette fontaine éprouve un flux et reflux très-marqué, suivant le plus ou moins de sécheresse de la saison. Ce flux se fait sentir à mesure que le soleil monte sur l'horizon, et le reflux dans la même proportion, quand il descend vers son couchant. Son bassin est plat, et le fond en est tapissé d'un sable très-fin et très-net. Il peut avoir 25 pieds de diamètre. L'eau monte d'abord de trois pouces et demi en trois minutes, et s'échappant alors par les bords du bassin, forme un petit ruisseau. Elle continue à monter encore à-peu-près autant, mais en bouillonnant, et le ruisseau devient à proportion plus considérable. Arrivée à cette hauteur, elle met la moitié moins de tems pour décroître, c'est-à-dire, qu'en trois minutes, elle descend de 6 pouces. Toute l'eau qui reste dans le bassin filtre dans le sable, et la fontaine reste à sec un peu plus d'une minute, ensuite le flux recommence, et toujours de même successivement. Cet effet varie cependant un peu suivant les saisons.

On conçoit aisément que dans un canton où les montagnes enrichissent le paysage, on doit rencontrer souvent des aspects enchanteurs. Il en est peu dans la France d'aussi étonnant, d'aussi étendu et d'aussi riche pour les détails, que celui que nous vous avons fait dessiner vu de la cîme d'une montagne qui com-

Les Environs de St Hyppolite

St. Sypolite

mande le bourg de S. Hippolyte. La vue se perd dans un horizon immense, mais sans fatigue, mais sans ennui, par les repos que lui présentent les croupes des montagnes, les côteaux cultivés, et les vallons délicieux et paisibles où elle s'égare. S. Hippolyte est dans le fond, ou, pour mieux dire, au pied de cette montagne, et la petite pointe de clocher que vous appercevez dans le coin du dessin est celui de ce bourg, dont on ne découvre que cette partie dans la situation où s'est placé notre dessinateur. Cependant, comme ce bourg lui-même est très-pittoresque, et que son entrée sur-tout est aimable pour le paysagiste, nous vous en envoyons également le dessin. De la cîme de la montagne, on découvre le département presqu'en entier. Les vignes dont les côteaux sont couronnés : la verdure des chanvres que l'on cultive dans les vallées : la sombre majesté des forêts qui s'étend sur les montagnes plus élevées : la fumée noire qui s'échappe des forges, et monte en roulant vers les nuages légers dont l'horizon se dore : les bestiaux nombreux que l'on entend mugir en foulant au loin les prés émaillés par les fleurs : l'activité de l'agriculteur qui sillonne en chantant les terres grisâtres que le soc retourne : tout verse un charme, tout répand une vie sur ce tableau, qu'il faut avoir vu pour lui donner le sentiment d'intérêt qu'il réclame. Rien d'aussi beau dans la nature : et pour aimer les arts, il ne faudroit pas le voir souvent : on ne le quitteroit pas pour admirer les *palais des rois*. Je vais vous dire un paradoxe, mais il me semble que le peintre de paysage doit avoir l'ame plus pure que le peintre d'histoire : si cela n'est pas vrai, ce que je crois, au-moins ne seroit-il pas étonnant qu'il eût les mœurs plus douces.

Baume-les-Dames ne nous a pas paru mériter sa réputation. Rien de riche, rien de curieux dans cette abbaye. L'orgueil, toujours misérablement pauvre, est ici physiquement misérable. Onze chanoinesses y traînoient, presque dans l'indigence, la fierté d'un nom inutile, et l'ennui d'une existence chaste, si le parjure n'avoit pas été une des vertus du cloître. Cloître, n'est cependant pas le terme, car ces dames n'étoient point cloîtrées. Il falloit bien de la *noblesse* jusques dans l'état le plus ignoble, et l'on sent bien que des filles de condition qui se mettoient dans la tête que, pour honorer Dieu, il falloit outrager la nature, ne pouvoient pas commettre un crime semblable comme des *roturières*. Il falloit bien laisser aux femmes du peuple ces grilles et ces parloirs, sauvegardes apparentes de la vertu, et religieuses de *qualité* trahir ses devoirs avec cette arrogance et cette audace, compagnes effrontées de la dignité du sang. A *Baume*-les-Dames, on n'avoit point de carrosses, une triste femme-de-chambre, un petit *laqueton*, composoient la suite de la *princesse* religieuse; mais l'on étoit insolente, inhumaine, capricieuse, et l'on marchoit dans la voie du salut un bréviaire dans une main, et l'arbre généalogique dans l'autre : on disoit, mon cousin l'*empereur*, ma tante *la reine* une telle, l'on se couchoit sans souper, et l'on étoit contente. Malheureux Français ! avec votre folie de révolution, que de *béatitudes* vous avez retranchées de la terre ! et vous, épouses du Seigneur ! que j'aime votre philosophie ! vous vous consolez de tout cela maintenant avec quelque jeune garde national.

Cette abbaye de Baume-les-Dames fut fondée, les uns disent par un S. Romain, abbé de Condat, les autres par les seigneurs de Neufchâtel au septième siècle. La vérité est qu'on ne connoît point son origine. Charles et Louis le-*Débonnaire* la citent dans leurs capitulaires : et cela ne prouve pas que les chanoinesses valussent mieux alors qu'elles n'ont valu depuis : celles-ci étoient affiliées aux *Dames* de Remiremont, et cela ne prouve pas encore qu'elle valussent grand chose : mais ce qui prouve en effet qu'elles ne valoient rien du tout, c'est qu'on les a supprimées comme leurs semblables, les pères et les mères en Dieu, par une raison toute simple ; c'est que ce qui n'est bon que pour le ciel ne peut pas être bon pour la terre. La petite ville où ces dames habitoient est peu considérable. Son territoire fournit assez abondamment des grains, des vins et des chanvres.

Tant que la Franche-Comté appartint à l'Espagne, elle ne payoit qu'un don gratuit, tous les trois ans, de cent cinquante mille livres, et cette somme encore n'étoit-elle donnée qu'aux conditions qu'elle seroit employée au bénéfice de la province, tels que le paiement des garnisons, les réparations des fortifications, ou enfin l'acquittement des dettes des différentes communautés. Lorsque Louis XIV rendit la Franche-Comté par le traité d'Aix-la-Chapelle, le roi d'Espagne demanda à cette province une somme de huit cents mille livres à titre de prêt pour payer les troupes étrangères qu'il y mettoit pour la garder, et pour relever les fortifications. Pareille somme lui fut prêtée pendant cinq ans, jusqu'à ce que Louis XIV reprit la Franche-Comté, et comme il trouva les Francs-Comtois accoutumés à prêter huit cents mille francs par an au roi d'Espagne, il trouva plus commode de leur ordonner de lui donner ce qu'ils prêtoient. Voyez combien il est doux de prêter aux rois. Un don leur tient lieu de titre pour voler, ou pour prendre de force, ce qui revient au même.

Un des principaux commerces d'échange de ce département consiste dans le bled, l'avoine et le fourrage. Lyon, la Suisse et Genève en enlèvent une grande quantité. Le surplus se consomme dans le pays. C'est un des cantons de la France que la liberté a délivré de plus d'entraves. Dans le département du Jura, nous vous parlerons de cet affreux droit de servitude, où quelques parties de cette ci-devant province étoient soumises. Droit affreux que l'on ne peut se rappeler, sans que les cheveux dressent d'horreur.

Un *roi* est mort cordelier dans ce département, et ce n'est pas une de ses moindres merveilles. Il est si rare de voir un *roi* humble! Ce *roi* cordelier se nommoit Jacques de Bourbon, et fut roi de Sicile par sa femme Jeanne seconde. Cependant n'ayez pas la bonté de croire que ce fut par humilité que ce roi se fit moine ; la nature n'est point sujette à de tels oublis. Cet homme étoit un roi dans toute l'étendue du terme, c'est-à-dire, bien imbécille, bien scélérat, et bien dupe d'une reine plus coquine que lui. Il avoit épousé cette Jeanne seconde de Naples, si fameuse par ses déportemens. Notre Jacques, jaloux, mal-adroit, n'est pas plutôt sur le tiône, qu'il fait enfermer sa femme et assassiner son amant. Or, je vous le demande, si dans le chapitre des reines pareille peccadille se pardonne. Notre bon Jacques, maître du bien dont il avoit chassé sa femme, régna ; c'est-à-dire, qu'il tourmenta, pilla, massacra, tua les pauvres Napolitains, qui s'ennuyèrent à la fin de ses espiégleries, et délivrèrent un beau matin la *pauvre* Jeanne, qui ne s'étoit pas corrigée. Le *bon* Jacques, à son tour, fut dépouillé, moqué et enfermé ; et madame, avec ses galans, continua à régir les destins de la Sicile. Tristes destins ! hélas ! quand ils dépendent d'une catin ou d'un brigand. *Martin*, pape, le cinquième des *Martin* de l'église, se mêla de cette affaire. Rien de plus juste : entre un mari et une femme brouillés, il est dans l'ordre qu'il survienne un prêtre. Martin le pape donc s'en mêla, et dès-lors la réconciliation devint impossible. Prêtres savent diviser, et jamais réunir. Quoi qu'il en soit, Jacques sortit de sa prison, et n'étant plus digne d'être roi, il fut encore assez bon pour être cordelier. Il vint à Besançon, endossa le froc, dormit, mangea, but et mourut, et l'on lui fit cette épitaphe :

 Ci gît Jacques de Bourbon
  Très-haut, et excellent prince,   *et excellent, qu'en*
 De Hongrie, Hierusalem et   *dites-vous ?*
   Sicile,

Roi très-puissant, *Il est joli.* Roi de
Comte de la Marche, Jérusalem et de Hon-
Castre, grie, où personne ne
Et autres pays, le connoissoit.
   Qui,
Pour l'amour de Dieu,
   Laissa
Frères, parens et amis, etc. *Le bon cœur!*
Par dévotion entra dans
   L'ordre
De S. François, où il trépassa, etc.

Ce département a fourni quelques hommes célèbres. De ce nombre est Jean-Jacques *Chiflet*, médecin de titre et écrivain de profession. On rit un peu aujourd'hui de ces grands hommes d'autrefois, du genre de Chiflet. Comme il employoit bien son tems, ce Chiflet! il a passé sa vie à écrire, pour prouver que Hugues Capet ne descendoit pas de Charlemagne, et que la maison d'Autriche étoit plus ancienne que les Capétiens. N'est-ce pas là ce qui s'appelle un grand service rendu au monde! On le croiroit philosophe, quand il se moque de la Sainte-Ampoule, mais on est sûr qu'il est imbécille, quand il atteste la vérité du Saint-Suaire. Enfin, pour achever de le peindre, nous dirons qu'il a écrit contre le *quinquina* : et voilà nos grands hommes, que d'autres *grands hommes endictionnarisent*.

Jean-Jacques Boissard, né de même à Besançon, valoit mieux. Antiquaire célèbre, il avoit recueilli des recherches aussi nombreuses que précieuses sur les monumens antiques. Les Lorrains, en ravageant la Franche-Comté, en ont fait perdre une grande quantité aux sciences.

Dunod de Charnage, mort dans ce siècle à Besançon, sa patrie, a mérité plus d'estime par ses qualités morales que par ses ouvrages. C'est une tache à sa gloire que d'avoir écrit pour justifier le droit de main-morte que les seigneurs exerçoient jadis.

NOTES.

(1) *Vatteville.* A l'entrée d'un ambassadeur de Suède à Londres, le *comte* d'Estrades, ambassadeur de France, et le *baron* de Vatteville, ambassadeur d'Espagne, se disputèrent le pas. Jadis cet article du pas étoit d'une *importance* majeure. O hommes! que vous étiez petits quand les rois étoient grands. L'Espagnol, qui avoit de l'argent et de nombreux valets, avoit encore pour lui le peuple de Londres, dont il étoit aimé. Il fit tuer les chevaux de d'*Estrades*, battre ses gens, et passa le premier. Cette manière n'étoit pas galante. Grande rumeur dans le palais de Louis XIV. Peu s'en fallut que la guerre ne suivît l'insulte. Les conférences qui se tenoient en Flandres pour les limites furent rompues, l'ambassadeur d'Espagne renvoyé. Et si Madrid n'eût pas été plus sage en envoyant le comte de Fuentes, pour dire qu'un homme tel que Vatteville étoit un sot, toute l'Europe étoit en feu, parce que l'orgueil d'un *roi* étoit outragé.

(2) C'étoit à Pâques et à l'Ascension qu'on montroit le Saint-Suaire, et pour que personne ne reconnût l'imposture, c'étoit du haut d'une tour de la cathédrale qu'on l'exposoit au culte des *fidelles*.

(3) *Couédic*, dans son tableau géographique, etc. de la Nation française, dit que cette fontaine *vomit* de l'eau. Il se trompe. Ce n'est pas un *vomissement*, c'est un véritable flux et reflux. Au nom de la république, nous invitons le citoyen *Couédic*, quand il fera une seconde édition de son ouvrage, à le dépouiller d'un tas d'éloges de constituans, tels que *Barnave*, *Lameth*, et mille autres scélérats, l'opprobre du nom Français, et qui vraiment déshonorent son ouvrage, estimable d'ailleurs.

A PARIS, de l'Imprimerie du Cercle Social, rue du Théâtre-Français, N°. 4.

VOYAGE
DANS LES DÉPARTEMENS
DE LA FRANCE,

Enrichi de Tableaux Géographiques et d'Estampes.

Par les Citoyens J. LAVALLÉE, ancien capitaine au 46.e régiment, membre de la Société des Sciences, Arts et Belles-Lettres de Paris, et l'un des soixante de la Société Philotechnique, pour la partie du Texte; Louis BRION, pour la partie du Dessin; et Louis BRION père, pour la partie Géographique.

L'aspect d'un peuple libre est fait pour l'univers.
J. LAVALLÉE, *Centenaire de la Liberté*, Acte I.er

A PARIS,

Chez l'auteur, rue de Vaugirard, N.° 98, près l'Odéon.
Chez *********, Libraire, rue Haute-Feuille, N.° 20.
Chez *********, au Cabinet litt., boulevard Cerutty,
Et chez *********, Libraire, Palais-Égalité, galeries de Bois, N.° 236.

AN VII DE LA RÉPUBLIQUE FRANÇAISE.

DÉPARTEMENT
DE LA DROME,
ci-devant
partie du Dauphiné.

Signes.
Chef-lieu de Département.
Canton.
Tribunal Criminel.

Remarque.
L'étendue de ce Département est
de ... lieues carrées.
Sa population de 288 mille habit.
Il comprend 435 communes, tant
grandes que petites, dont 68
cantons.

VOYAGE
DANS LES DEPARTEMENS
DE LA FRANCE.

DÉPARTEMENT DE LA DROME.

La Drôme, qui prend sa source dans les montagnes de *Gap*, qui, comme l'Isère et la Durance, plutôt torrent que rivière, est extrêmement dangereuse pour ses voisins lors de la fonte des neiges, et qui après avoir fait un coude considérable entre *Die* et *Saillans*, vient presqu'en ligne directe se précipiter dans le Rhône, a donné son nom à ce département, qu'elle coupe en deux parties. Il occupe toute la rive gauche du Rhône, depuis Vienne, pour ainsi dire, qui se trouve exclusivement à sa pointe nord jusqu'à Orange, situé à sa pointe méridionale. Nous y sommes entrés en quittant Saint-Marcellin, et en suivant la route de Grenoble à Valence, où elle rejoint la grande route de Paris à Marseille, et nous avons repassé l'Isère à Romans, la première ville un peu considérable du département de la Drôme que nous ayons rencontrée dans notre voyage.

L'on n'aura point oublié que nous avons précédemment dit que ce département, aussi bien que ceux de l'Isère et des Hautes-Alpes, faisoit partie de la province ci-devant appelée le Dauphiné; il faut y ajouter la ci-devant principauté d'Orange que l'on y a enclavée. Nous retrouvons donc le même caractère, le même esprit, les mêmes mœurs et la même origine dans les habitans de ce département, que dans celui que nous venons de quitter. Le climat toutefois n'est pas exactement semblable. Il est généralement plus doux, plus égal, plus sain même peut-être, du moins pour les tempéramens délicats, parce qu'il s'éloigne davantage des hautes montagnes. Cependant il est sujet à des vents de bise, qui tiennent alors l'atmosphère très-pur, et tempèrent la chaleur qui souvent dans l'été se fait sentir. Cet état de la température est facilement supporté par les personnes robustes; mais il n'en est pas de même pour les poitrines foibles, pour les tempéramens secs et sanguins, et pour ceux qui éprouvent des affections rhumatismales. Cette bise, extrêmement pénétrante, agit fortement sur la poitrine, allume le sang, interrompt la transpiration, et cause des pleurésies, des inflammations, des maux de gorge, des esquinancies; et l'on ne sauroit trop recommander aux voyageurs, et à ceux qui, étrangers à ce pays, sont appelés par leurs affaires ou leurs emplois à l'habiter momentanément, de multiplier les précautions pour se garantir de cette bise dont les effets se font sentir sur toute cette route, presque jusqu'à Marseille, ou tout au moins jusques à Arles,

Romans est une petite ville assez agréable sur l'Isère que l'on y traverse sur un pont, et située dans une plaine délicieuse par sa fertilité. L'on y recueille en abondance des grains de toute espèce, des vins excellens, des olives, des chanvres et des lins de la meilleure qualité. Ce sont ces productions territoriales qui font sa principale richesse. Ces faveurs de la nature ne lui ont pas fait négliger l'industrie, et l'on y retrouve un assez bon nombre de manufactures de petites étoffes de soie, de siamoises moitié soie, moitié coton, de toiles, etc.

Sa situation riante ; ses promenades extérieures ; l'activité qui résulte de l'amour des habitans pour le travail; la gaieté naturelle aux peuples des contrées méridionales de la république française dont on commence à reconnoître ici l'influence ; l'aspect enfin de l'abondance, compagne ordinaire d'un bon sol, contribuent à faire de cette petite ville un séjour délicieux. Passablement bâtie, ses édifices publics n'ont cependant rien de bien intéressant. On se plaît à faire remarquer au voyageur le bâtiment où étoit le collège, la tour de l'horloge, et quelques-unes de ses portes, comme des témoignages de son ancienne splendeur; mais cette ville a si cruellement souffert des guerres de religion, que cette splendeur est furieusement déchue, et qu'il ne faut rien moins que l'excellence de son territoire, et les principes réparateurs d'un gouvernement juste, paternel et ami de la liberté, pour faire concevoir l'espérance qu'elle puisse se relever un jour de ses pertes.

Ceux qui se plaisent à chercher des origines extraordinaires aux villes qu'ils rencontrent, se sont autorisés de son nom pour prétendre qu'elle fut fondée par un ancien roi des Gaulois, nommé Romus. D'autres veulent qu'elle doive sa naissance aux Romains. D'autres enfin prétendent qu'un archevêque de Vienne, nommé *Barnard*, ayant acheté ce terrain d'une dame nommée *Romana* pour y construire une église, lui donna le nom de Romans de la première propriétaire ; mais toutes ces différentes origines qui servent plutôt à alimenter l'oisive curiosité de l'ignorance, qu'à faire faire un pas de plus aux connoissances, sont autant de fables. La vérité est qu'elle doit son origine à un monastère qui fut fondé à cette place dans le neuvième siècle, et dont la maison abbatiale étant devenue dans la suite assez considérable, excita les desirs des prélats de Vienne, qui réussirent à la faire réunir à leur archevêché ; que ce *Barnard* ayant, comme nous le disions tout-à-l'heure, fondé cette abbaye dans le commencement du neuvième siècle, la mit sous la dépendance immédiate de Rome, et que ce fut de là que la ville qui se forma insensiblement autour de cette abbaye prit le nom de Romans. Cette opinion est la plus vraisemblable, et c'est celle que l'encyclopédie a adoptée.

Deux pélerins qui avoient fait le voyage de la *terre sainte*, s'imaginèrent de persuader au peuple de ces cantons que Romans ressembloit à Jérusalem. On ne sait trop où leur avoit pris cette folie, à moins qu'ils ne se figurassent tirer par ce moyen quelque argent de la crédulité. Assurément, entre Jérusalem bâtie sur une montagne, entourée de sables arides et brûlans, au milieu d'un pays qui ne présente ni verdure, ni grains, ni fleurs, et Romans située dans un terrain plat, environnée d'une plaine féconde, couverte d'arbres, de jardins, de pâturages et de moissons, il n'y a pas assurément la moindre analogie. N'importe; comme tout ce qui est extraordinaire et même ridicule est beaucoup plus facilement adopté que ce qui est simple et conforme à la raison, Romans se crut tout-à-coup convertie en une nouvelle Sion. Mais pour que la ressemblance fût parfaite, il ne manquoit plus qu'un calvaire. Les pélerins firent sentir la nécessité d'ajouter ce trait au tableau; ils s'offrirent de le construire, si on leur accordoit des fonds. La dévotion leur en fournit, et c'étoit là peut-être le mot de l'énigme. Quoi qu'il en soit, ils n'osèrent pas mettre en entier l'argent dans leur poche; le calvaire fut construit sur le modèle de celui de Jérusalem, et ce qu'il y a de particulier, c'est que le roi François I.er consentit à poser la première pierre de ce monument religieux en 1520, et depuis, personne ne douta qu'en voyant Romans il voyoit Jérusalem, et cette erreur de la dévotion fut due à l'habileté dévote de deux intrigans.

Au reste, il faut pardonner à deux dévots pélerins de n'être pas d'une bonne foi exacte dans leurs comparaisons, puisqu'un roi dévot comme Louis XI ne l'étoit pas infiniment dans ses promesses. L'on conserve dans les archives de Romans une pièce assez curieuse à cet égard; c'est un billet de trois cents livres souscrit par ce prince, lorsqu'il n'étoit encore que dauphin, et brouillé avec son père Charles VII, en reconnoissance d'une somme pareille que les habitans de cette ville voulurent bien lui prêter, et qu'il oublia, comme c'est l'usage, de payer quand il fut sur le trône.

Nous avons quitté Romans, pour nous rendre à Valence, chef-lieu du département de la Drôme ; ville plus certainement ancienne que la première, et à laquelle les amateurs d'origines singulières donnent également le même *Romus,* roi des Gaulois, pour fondateur ; d'autres Valens et Valentinien ; opinion combattue par l'église, qui se plaît aussi à être comptée pour quelque chose dans les origines des villes ; et qui, voulant que Saint Irénée de Lyon ait envoyé du tems d'Aurélien Saint Félix à Valence pour en convertir les habitans, a besoin par conséquent qu'elle existât avant les empereurs Valens et Valentinien. Strabon a désigné cette ville sous le nom de *Durio,* et Ptolémée l'appelle *Valentia colonia,* ce qui feroit croire qu'elle avoit reçu une colonie romaine.

Quoi qu'il en soit, son antique origine ne peut être contestée, et Pline l'ancien la considère en effet comme colonie romaine (1). Elle fit partie de la première Viennoise lors de la division des nouvelles provinces. Lors de la chûte de l'empire romain, elle fut gouvernée par les Bourguignons, et ensuite par les Mérovingiens. Pendant la dynastie des Carlovingiens, elle fit partie du royaume de Bourgogne et d'Arles, et resta fidelle aux princes qui n'étoient pas de la famille de Charlemagne, jusqu'à ce

Passage du Rhône de Valance à St Peré.

qu'enfin, lors du régime féodal, le *Valentinois*, dont elle étoit la capitale, eût ses comtes particuliers; comté que depuis on érigea en duché (2).

Cette ville, située sur la rive gauche du Rhône, a considérablement souffert pendant la guerre des Albigeois. Elle est assez grande, bien bâtie, et entourée de bonnes murailles. Sa citadelle, sans être une des meilleures de la République, est capable de se défendre avec avantage (3). La maison qui servoit à loger jadis le gouverneur, et l'édifice que l'on appeloit le palais épiscopal, sont des bâtimens beaux et commodes, et dont l'architecture est d'un assez bon goût. L'on remarque sur-tout dans le dernier une galerie magnifique, dont la façade domine sur les bords du Rhône, et qui joint à sa décoration intérieure l'agrément de jouir de la superbe vue de ce beau fleuve qui coule à ses pieds, et des montagnes du ci-devant Vivarais, qui s'élèvent en amphithéâtre sur la rive opposée.

La campagne de Valence est extrêmement fertile; elle produit des grains en abondance, des fruits délicieux et des légumes excellens. L'on y cultive avec avantage des chanvres, des lins et des vignes, dont les produits se consomment en grande partie dans le pays. Ses pâturages sont gras, ses bestiaux nombreux, et ses bois d'une bonne qualité. C'est à ses ressources beaucoup plus qu'à son industrie et son commerce, qu'elle doit l'aisance que l'on remarque dans ses remparts. Elle a des mûriers et quelques vers à soie; mais cet objet est de peu d'importance pour elle. Ses manufactures sont peu considérables, et l'on n'y fabrique en général que des toiles assez grossières et des étoffes de laine commune. L'avantage qu'elle a d'être située sur la route de Lyon à Marseille, et de se trouver ainsi être un des points de communication entre toutes les contrées méridionales et *transrhodanes* de la république et le reste de la France, et de donner passage à tout le commerce de la Méditerranée vers la partie nord du continent, procure un mouvement perpétuel dans ses murs, et y met assez de numéraire en circulation. L'on y a placé depuis quelque tems une école d'artillerie, et cette circonstance y attire encore des étrangers.

Elle eut, sous l'ancien régime, une université, mais qui n'a jamais joui, sur-tout dans les derniers siècles, d'une réputation bien distinguée. Cette université étoit celle que le dauphin de Viennois, Humbert II, avoit fondée à Grenoble, et qu'il plut à Louis XI de transférer à Valence en 1454. Ses antiquités se réduisent à peu de chose ; il ne lui en reste guères que deux fontaines, l'une appelée le *Charan*, l'autre le *Contant*, dont l'on prétend que les canaux ont été construits par Jules-César. Les voûtes de la première sont belles et élevées, et un homme peut les parcourir sans être obligé de se baisser. Les secondes servoient, à ce qu'il paroît, à arroser les prairies, et l'on voit encore des restes du bâtiment qui leur servoit de regard. Au reste, cette commodité n'a point été négligée dans les siècles postérieurs aux Romains. Valence est une des villes où les fontaines sont le plus fréquentes. Chaque maison, pour ainsi dire, jouit de cet agrément ; il est en outre peu de rues où l'on ne trouve des fontaines publiques, et cet avantage contribue autant à la propreté qu'à la salubrité de cette ville.

On voit encore quelques inscriptions antiques, que l'on a découvertes dans les environs, entr'autres celle-ci, que l'on avoit placée dans l'église dite de Saint-Apollinaire, et qui sans doute a décoré quelque monument dont l'on n'a plus de connoissance.

T. Pompeio Hilari Luerino.
T. Pompeius Bassus.
Patri
Et Sibi.

Il paroît que les guerres de religion ont achevé d'effacer les traces que Valence avoit pu conserver encore de sa splendeur ancienne. Elles ont détruit quelques tombeaux dignes d'attention, entr'autres celui d'un chevalier romain et de son épouse, que l'on voyoit dans l'église de Saint-Félix, et qui leur avoit été dédié *sub asciâ*. J'ai donné ailleurs l'explication de ce que les anciens entendoient par cette espèce de dédicace.

L'on a également perdu un autre tombeau de pierre, que l'on avoit découvert auprès du faubourg nommé le *bourg de Valence*, et dont la pierre sépulcrale portoit cette simple inscription :

D. Justinia Æ.

Le sarcophage en étoit également de pierre, et l'on y trouva le squelette d'une femme. Elle avoit à chaque oreille un anneau d'or, dans lesquels étoient enchâssées deux pierres précieuses, c'est-à-dire une turquoise d'un côté, et de l'autre une émeraude, l'une et l'autre fort belles. Aux pieds du squelette étoit encore une coupe de cristal, et à la tête une lampe de verre. L'on ignore ce que sont devenus ces divers objets d'arts. Il est présumable aussi qu'une inscription que l'on lit sur la porte Sannière, est également une inscription enlevée à quelque tombeau avec les pierres dont on se sera servi pour construire cette porte. La voici telle qu'elle est disposée :

D. M.
VINDAUSCIA E.
PETRONIAE
J. JUS. AAELIAM S.
CONJUGI SANT.
SI M AE.

Ces foibles vestiges prouvent que si les Romains n'ont pas décoré Valence d'aussi superbes édifices que ceux que nous avons vus à Vienne, et que nous allons voir tout-à-l'heure à Orange, au moins ils n'ont pas dédaigné cette ville, et qu'ils l'ont habitée. Assez près de là l'on voit encore le champ de bataille où Fabius Maximus remporta sa mémorable victoire sur les Allobroges, au confluent de l'Isère et du Rhône.

Parmi les bâtimens gothiques, celui de la ci-devant abbaye de Saint-Ruf est le seul d'une certaine importance. On prétend que cette maison fut dévastée en 1562 par les protestans, et qu'avant cet événement, elle étoit d'une magnificence bien plus grande. On dit que le cloître sur-tout étoit formé par des piliers ou colonnes de marbre précieux de différentes couleurs, et embelli d'un grand nombre de figures imitées de l'apocalypse et du vieux et nouveau testamens. Cela se peut. Il est bien possible aussi que les protestans aient détruit les figures ; on sait quelle étoit leur antipathie pour les images ; mais encore n'auront-ils point emporté les colonnes ; et si elles avoient existé, il en resteroit quelque chose. Ces descriptions de prétendues magnificences que l'on trouve dans quelques écrivains dévots, n'auroient elles point pour but d'accroître les torts des protestans ; et d'exciter contr'eux le ressentiment de la multitude, en exaltant beaucoup ses regrets pour des objets dont il ne lui est plus possible d'évaluer le prix ? La vérité a tant de peine à percer dans l'histoire, et il y a si peu de tems que quelques hommes osent chercher à la découvrir dans les tems qui nous ont précédés ; et tant de gens d'ailleurs étoient intéressés à entretenir dans l'esprit du peuple de fausses notions sur les choses et sur les hommes, que l'on doit toujours être en garde sur la véracité des événemens que certains écrivains font passer sous vos yeux. Quel est l'homme de bon sens, par exemple, qui n'auroit été tenté de rire en voyant dans le cloître des cordeliers de Valence la représentation d'un prétendu squelette de géant, qui devoit avoir quinze coudées de haut, s'il avoit demandé ce que cela signifioit ; et que ces moines lui eussent répondu, comme ils ne manquoient jamais de le faire, que ce géant avoit été un fameux tyran du Vivarais, nommé *Buardus*, dont les os avoient été découverts en 1456, et réenterrés dans ce cloître ? Et quel homme, pour peu qu'il eût été susceptible de quelque réflexion, n'eût pas reconnu dans la peinture ridicule de ce géant supposé la trace de quelque fable inventée dans les siècles d'ignorance, pour rendre odieux aux peuples de ces cantons quelque personnage puissant en Vivarais, que quelque puissant de Valence aura voulu ou attaquer ou dépouiller ?

Si le Mail passe ici pour une jolie promenade, ceux qui préféreront le spectacle de la nature, iront chercher leurs plaisirs aux environs de la ville. Non-seulement ses dehors sont charmans, mais le hasard a environné la petite plaine où elle est située, d'un côteau qui l'enveloppe d'un demi-cercle parfaitement régulier. De quelque point où l'on se trouve sur ce côteau, l'on aperçoit Valence sous ses pieds. Elle est placée au centre de ce bassin. Le Rhône fait la corde de cet arc, et l'on a pour perspective les groupes inégaux et pittoresques des monts de l'Ardèche, qui semblent s'amonceler les uns sur les autres, et qui s'enfoncent en s'élevant en amphithéâtre vers l'horizon, dont leurs masses vous dérobent la vue.

Les ci-devant ducs de Valentinois avoient un assez beau château près de Valence, que l'on appeloit le *Valentin*. Le parc et les jardins sont assez beaux; ils sont publics, et c'est un objet d'agrément pour les habitans de la ville. C'est aujourd'hui une propriété nationale.

Valence s'est distinguée dans la révolution par un amour toujours soutenu pour la liberté. L'on ne doit pas oublier que, lors de l'invasion de Toulon par les Anglais, ses citoyens furent des premiers à voler au secours de cette place importante, et qu'ils se signalèrent au siége qu'il fallut entreprendre pour la recouvrer. Plusieurs hommes nourris dans ses murs ont marqué dans les événemens politiques depuis l'extinction de la monarchie. L'esprit de parti ne les a que trop souvent jugés, mais l'histoire ne l'a pas fait encore; seule elle en aura le droit; et je le dis avec chagrin, mais avec vérité, la génération actuelle n'entendra pas ses arrêts. Ils ont pu être mal inspirés en politique, mais il est difficile de croire qu'ils fussent mal inspirés en liberté. Un de nos plus grands malheurs dans la révolution, fut cette confusion des langues qui s'introduisit parmi les amis de la République; et il n'en fut peut-être aucun, s'il veut être vrai, qui n'avoue qu'il fut injuste envers ses semblables : et telle est la désorganisation des idées, quand l'entêtement de l'opinion se substitue à la place de la raison, que l'homme est toujours prompt à juger l'ami qui ne diffère avec lui que de moyens et non pas d'objet, de même qu'il juge l'ennemi qui diffère avec lui non-seulement d'objet, mais même de volonté.

Il faut que Valence ait eu, pendant les siècles de dévotion, une grande part à l'estime de l'église catholique, car son histoire y compte plusieurs saints et trois conciles. Celui de 374 décida que l'on ne doit pas plus porter un faux témoignage contre soi-même que contre autrui. Il me semble qu'en cela la morale d'un homme de bien en sait autant qu'une assemblée d'évêques. Celui de 585 prononça sur une matière plus conforme à l'esprit du clergé, et plus digne de la gravité des dix-sept évêques qui le composèrent. Ils eurent le pieux désintéressement de confirmer les donations qu'avoient faites aux églises le roi Gontran, la reine sa femme et ses deux filles qui avoient pris le voile. Quant à celui de 855, il est d'une grande importance sur nos destins pour l'autre vie. Quatorze évêques confirmèrent hautement la prédestination des élus à la vie, et la prédestination des méchans à la mort; alors si cela est, comment faire pour être bon ou méchant? Ils déclarent encore que, dans le choix de ceux qui seront sauvés, la miséricorde de Dieu précède leur mérite : donc la miséricorde de Dieu est plus grande que leur mérite? et je le crois; mais ensuite ils déclarent que, dans la condamnation de ceux qui périront, leur démérite précède le juste jugement de Dieu : donc le démérite d'un homme peut être plus grand que la justice de Dieu? et c'est ce que je ne crois pas.

Le desir de visiter les magnifiques antiquités d'Orange ne nous a pas permis de faire un bien long séjour à Valence. Nous l'avons quittée; et suivant la route de Lyon à Marseille, nous avons traversé la Drôme à Loriol, et nous nous sommes arrêtés quelques instans à Montelimar, ville célèbre
pour

pour avoir la première embrassé le calvinisme, et par conséquent donné le malheureux signal de cette foule de maux qui désolèrent la France pendant près de trois cents ans, et dont le contre-coup se fait sentir encore aujourd'hui beaucoup plus qu'on ne le croit peut-être.

Montelimart n'est pas située sur le Rhône, comme le disent et le croient plusieurs personnes; elle en est à trois quarts de lieue ou trois kilomètres à-peu-près, et se trouve au confluent de deux petites rivières nommées le *Jabron* et le *Robiou* ou *Rioubion*, comme on prononce dans le pays. Elle est environnée d'une plaine heureuse par la beauté de ses pâturages, la bonté de ses grains et l'excellence de ses fruits. Ici les mûriers deviennent plus nombreux, et la culture des vers-à-soie plus commune : et c'est peut-être l'instant de dire un mot de l'origine de ce commerce en Europe. Il paroît que, jusqu'à l'époque du règne de Justinien, l'on ignora totalement d'où provenoit cette matière précieuse, et si on la devoit au règne végétal ou animal. Les Perses qui jusqu'alors en avoient seuls le commerce, avoient apporté le plus grand soin à cacher à tous les peuples qui habitent au-delà du tropique les procédés de cette culture, et à dérober sur-tout les connoissances qu'ils avoient puisées à cet égard à la Chine, dont ils tiroient la majeure partie des étoffes de soie qu'ils faisoient refluer par l'Egypte dans les contrées du nord. L'empereur Justinien, à qui l'on ne peut refuser d'avoir eu de grandes vues de prospérité publique, détermina

B

deux moines à entreprendre le voyage de l'Inde, et les chargea de pénétrer, s'il étoit possible, ce mystère. Ces deux hommes intelligens se rendirent en effet à *Serendib*; ils déguisèrent avec adresse le motif de leur voyage, s'insinuèrent dans la confiance de quelques naturels du pays, et, sans qu'ils s'en doutassent, leur arrachèrent leur secret. Après avoir observé la nature de l'insecte, de quelle manière on le nourrissoit, comme il se reproduisoit, comme on le dépouilloit de sa soie, le mécanisme dont on usoit pour la dévider, la filer et la tisser, ils réussirent à dérober quelques œufs; et munis de ce trésor, ils revinrent à Bisance rendre compte à Justinien du succès de leur voyage et de leurs observations. On fit éclore les œufs qu'ils avoient apportés, et l'expérience réussit parfaitement. Ces moines apprirent d'abord aux Grecs à les élever et à les nourrir. Les premiers établissemens se formèrent dans la Grèce et dans la Syrie; insensiblement ils s'accrurent. Cette culture étoit trop importante pour ne pas attirer l'attention des voyageurs européens; elle gagna de proche en proche; elle s'étendit jusqu'en Italie et dans le midi de la France; jusqu'à ce qu'enfin le climat vînt l'arrêter dans sa course, et lui défendre de porter plus loin ses bienfaits. Ce fut ainsi que les contrées jadis connues sous le nom de *Provence*, de *Languedoc* et une partie du *Dauphiné*, obtinrent cette richesse que l'avarice du commerce tenoit ensevelie depuis la plus haute antiquité dans la Chine et la Perse; et la philosophie qui se plaît à observer la bizarrerie de la marche des événemens, ne peut s'empêcher de sourire en voyant que l'introduction en Europe de cette branche si fameuse du luxe est due à deux moines dont la profession et celle de leurs semblables fut dans tous les tems de se déchaîner contre le faste et la mollesse mondaine.

Montelimart, dont les environs sont couverts de mûriers, unique aliment de cet insecte précieux, est défendue par une citadelle peu redoutable aujourd'hui, mais jadis très-forte, bâtie sur un côteau couvert de vignes qui fournissent d'excellens vins. Cette ville fut fondée par une famille d'anciens *seigneurs*, qui s'appeloient *Adhemar de Monteil;* et c'est de ces deux noms réunis, et de l'abréviation à laquelle la prononciation les a soumis, que s'est formé le nom de *Montelimart;* aussi est-ce non loin de là que se voit encore ce château de Grignan, habité depuis par les descendans de cette maison, et devenu plus célèbre encore par les lettres de madame de Sévigné que par ses habitans. Ces Adhemars, par dévotion sans doute, firent don volontaire et gratuit de Montelimart à l'église sous le pape Grégoire XI. Louis XI, tout dévot qu'il étoit, trouva que cette ville lui conviendroit mieux qu'aux papes, et s'y prit de sorte qu'elle lui fut cédée en 1446. La première, comme je l'ai dit, à embrasser la religion nouvelle, elle attira sur elle l'attention des deux partis, et par conséquent la guerre qui les divisa. Le système de persécution que l'on adopta ne fit qu'irriter le mal. Une grande partie des habitans étoit restée attachée à la religion catholique ; ce qui accrut la situation déplorable de cette ville, en la livrant elle-même aux discordes intestines, et en laissant toujours des intelligences aux armées des deux partis pour leur en ouvrir les portes. Bertrand de *Simiane*, qui y commandoit pour le roi, crut remédier à tout par des règlemens qu'il y fit en 1566 ; mais un an après, l'insurrection se renouvela en faveur des protestans. Simiane revint alors, et s'en empara. Les supplices imposèrent silence à la révolte, mais ne l'étouffèrent pas. Après la bataille de Montcontour, Coligny vint en faire le siége ; mais le parti catholique fit une vigoureuse résistance, et l'amiral fut obligé de renoncer à son projet. Lesdiguières fut plus heureux dans la suite, et s'en rendit maître en 1586. Le comte de *Suze* la lui enleva, grace à quelques catholiques qui lui en livrèrent les portes ; mais comme Lesdiguières étoit resté en possession de la citadelle, Suze en fut bientôt chassé lui-même. Ce fut ainsi que cette malheureuse ville fut, pendant près de trente ans, tour-à-tour le théâtre des fureurs des deux partis.

Au reste, on prétend que Montelimart a obtenu jadis aussi les honneurs du concile. On lui en suppose deux, l'un en 1218, l'autre en 1238 ; mais il est permis d'en douter ; le savant ouvrage de chronologie des bénédictins de Saint-Maur n'en faisant point mention.

Entre Montelimart et Orange, *Saint-Paul trois châteaux* que l'on laisse sur la gauche, et *Pierrelatte* que l'on traverse, n'offrent rien de curieux au voyageur. Pierrelatte n'est qu'un bourg, et Saint-

Paul une très-petite ville, autrefois assez forte, mais dont les murailles sont presque détruites aujourd'hui. Sa position sur une éminence la rend agréable et gaie. Les dominicains qui y possédoient une assez belle maison, avoient pratiqué quelques allées d'arbres en face du portail de leur église; et cette promenade, d'un assez bon effet, est le rendez-vous ordinaire des habitans. Son évêché, trop peu considérable pour entretenir un successeur des apôtres, avoit été supprimé. Elle a pourtant quelque commerce. On y recueille beaucoup de soie; elle jouit d'excellens pâturages, et ses vins sont estimés. Mais située malheureusement à quelque distance du Rhône et de la grande route de Lyon à Marseille, elle perd les avantages qu'elle retireroit de ces deux importantes communications.

Dans ce département, aussi bien que dans toute la ci-devant Provence, et sur-tout entre Montelimart et Orange, les distances sont mal mesurées, et les lieues y sont d'une longueur excessive. Cela trompe et fatigue le voyageur, qui trouve sans cesse la réalité en contradiction avec les informations que la lassitude lui fait prendre sur son chemin. Quand il a marché les trois quarts du jour, il arrive fréquemment que le villageois qu'il interroge lui répond qu'il n'a plus qu'une petite lieue pour arriver au gîte, et trois heures ne suffisent pas encore pour lui faire dévorer cette *petite* lieue; alors cette supercherie faite à son imagination double ses murmures, en ajoutant la fatigue morale de l'impatience à la fatigue physique de la marche. Il est bien tems que l'unité des mesures vienne à son secours, et le mette à portée de comparer la distance qu'il lui faut parcourir avec les forces qu'il peut dépenser encore. Cette observation paroîtra puérile peut-être ; elle ne l'est pas. L'unité des mesures est plus importante qu'on ne le croit à l'économie politique. L'étranger revient plus difficilement dans un pays, ou tout au moins il y revient avec moins de confiance, lorsque l'imposture sur les distances est la première surprise faite à sa bonne-foi.

Avant de quitter le territoire de Montelimart, nous ne pouvons cependant, sans ingratitude, éviter de faire mention de deux personnages qui se sont rendus célèbres, quoique de sexe différent et dans des professions bien opposées, c'est-à-dire, l'un dans la guerre, et l'autre au barreau. Le premier, et c'est une femme, sauva la ville par son courage ; le second, par son éloquence, défendit les droits de ses concitoyens.

Pendant le cours des guerres religieuses dont je parlois tout-à-l'heure, l'amiral Coligny, comme je l'ai déjà dit, après la bataille de Moncontour, vint mettre le siége devant Montelimart. Dans cette circonstance critique, tous les chefs de la bourgeoisie ayant péri, ou sur les remparts, ou dans les sorties, personne ne se présentant pour commander, le trouble alloit se mettre dans toutes les mesures, et la perte de la ville eût été la conséquence toute naturelle de cette confusion qui sembloit inévitable. Une femme courageuse sentit tout le danger d'une semblable situation ; et douée d'une fermeté peu commune parmi son sexe, joignant une présence d'esprit et un sang-froid extrêmement rares à de grandes vues et à un génie élevé; d'ailleurs exaltée par cet esprit religieux, toujours si puissant sur une femme, quand ceux qui le soufflent sont parvenus à embrâser de son fanatisme ses organes, toujours plus irritables parce qu'ils sont plus foibles; elle se présente à l'assemblée de la ville, et propose de se charger du commandement. La nouveauté de l'offre, l'anxiété où l'on se trouvoit, la disposition naturelle que l'homme ressent dans les grandes crises d'adopter inconsidérément et de préférence les ressources extraordinaires, tout s'unit pour la faire regarder comme le sauveur de la ville; et sans réflexion comme sans délai, on lui déféra le commandement, et tout ce qui portoit les armes jura de lui obéir. Elle prouva qu'elle n'étoit point au-dessous de cet honneur, et qu'en demandant la confiance elle en étoit digne. Elle fit ses dispositions, plaça habilement les troupes dans tous les endroits menacés, se montra la première sur la brèche pour repousser les assaillans, passa les jours à combattre, et les nuits à relever les murs entamés par l'artillerie; dans toutes les sorties marcha à la tête des colonnes; fit plus d'une fois mordre la poussière à ceux qui se hasardoient à la combattre; tua de sa main le comte *Ludovic*, l'un des principaux chefs de l'armée ennemie; conduisit enfin si bien les affaires, que les protestans, fatigués de cette résistance opiniâtre, et désespérant de s'emparer d'une place défendue avec tant de vigueur et de talent, se décidèrent enfin à lever le siége, et se retirèrent. Cette femme courageuse, dont l'histoire nous a conservé le nom, *Marguerite Delage*, devint alors le juste objet de la reconnoissance et des hommages de ses concitoyens. Couverte d'honorables blessures, privée d'un bras qu'elle avoit perdu sur le champ de bataille, sa patrie se chargea de soutenir sa glorieuse existence, et de l'établissement de sa famille. On lui décerna une statue, et ce monument de sa gloire fut placé sur les remparts. Une inscription avoit été gravée sur le piédestal de cette statue, et sans doute elle rappeloit les services que cette héroïne avoit rendus ; mais elle est maintenant totalement effacée, et il est impossible d'en déchiffrer aucun des caractères.

L'autre personnage dont les talens ont fait également honneur à Montelimart, est un nommé *Bary*, jurisconsulte fameux pour le siècle où il vivoit, auteur d'un traité sur les successions, ouvrage très-estimé, et que l'on a consulté long-tems. L'éducation la plus soignée, un amour extrême pour l'étude, et des connoissances très-étendues, faisoient desirer l'amitié de cet homme rare ; et quand on étoit admis à sa familiarité, on ne savoit lequel des deux on devoit le plus admirer, ou de son profond savoir, ou de l'étonnante simplicité de son caractère. La douceur de ses mœurs, la naïveté de son esprit rendoient sa philosophie aussi aimable que touchante. Si Diogène jeta sa coupe comme un meuble inutile, après avoir vu un homme boire dans le creux de sa main, *Bary*, dans une circonstance à-peu-près semblable, pensa se défaire de ses livres comme de vains conseillers qui n'en savoient pas autant que la nature. Il étoit un jour dans son cabinet; un enfant entra, et lui demanda la permission de prendre du feu. Il n'avoit entre les mains ni pelle, ni pincettes, ni aucun autre instrument pour l'emporter. *Bary* examine attentivement comment s'y prendra cet enfant pour y réussir. Il le voit remplir le fond de sa main de cendres froides, ensuite placer avec adresse sur cette cendre des charbons ardens, et se retirer ensuite avec le feu dont il étoit porteur. *Bary* étonné de ce procédé si simple en lui-même, mais que les esprits les plus exercés eussent peut-être cherché vainement, voulut réellement brûler ses livres, et il fallut toute la puissance des conseils de ses amis pour le détourner de ce dessein.

L'histoire naturelle dans ce département, et en général dans toute la contrée, connue jadis sous le nom de Dauphiné, offre dans les trois règnes des objets dignes de la curiosité des voyageurs, et que l'on ne rencontre point dans le reste de la France. Les *bouquetins* ou *boucteins*, appartiennent spécialement aux montagnes de ce pays. Leur nom désigne assez qu'ils ont quelque ressemblance avec les boucs ordinaires; mais leur taille et leur couleur ne sont pas la même. Ils sont assez communément de la grandeur des cerfs, et leur robe est d'un gris fauve. Ils habitent les rochers, et de préférence ceux qui sont le plus escarpés. Leur agilité est extrême, et ils franchissent les précipices avec une légèreté incroyable. On prétend que leur sang a des vertus pour la guérison de quelques maladies. On s'en sert avec succès dans les hémorragies, et les naturels du pays le conservent avec grand soin.

Il ne faut pas les confondre avec les *chamois*, qui ont avec eux quelqu'analogie, mais qui cependant sont une espèce particulière. Ceux-ci habitent également les montagnes, et principalement celle de *Volnis*. Leur fourrure change deux fois l'année; l'été elle est d'un rouge assez foncé, l'hiver elle est grise comme celle des bouquetins. Leur tête est armée de cornes courtes assez larges et très-recourbées. Ils s'en servent quelquefois pour se suspendre aux roches. Ils se balancent sur ce point d'appui, et accroissent, par ce moyen, l'élan qu'ils prennent pour sauter vers le lieu où ils veulent arriver. On approche difficilement du chamois. Son caractère timide le porte à fuir au premier bruit, ou à l'aspect de l'inconnu qu'il redoute. Il a un goût décidé pour le sel, et l'on abuse quelquefois de cet appétit qu'on lui connoît, pour l'attirer dans les piéges qu'on lui dresse. Tout le monde sait l'usage que l'on fait de son cuir, et l'excellence dont il est pour les vêtemens quand il est préparé, don malheureux qu'il reçut de la nature, et qui l'expose à la cupidité des chasseurs. Il est rare que le chamois vive solitaire; il est communément réuni en troupeaux; alors il en est toujours un parmi eux qui conduit la petite colonie. Il veille à la sûreté de tous, et c'est lui qui donne l'alarme au troupeau quand il prévoit quelque danger.

C'est aussi dans ces montagnes que l'on trouve ces animaux vulgairement nommés *marmottes*, et qui sont des espèces de *loirs* ou *rats* d'une grosse espèce. Ces animaux s'engourdissent au commencement de l'hiver, et passent six mois dans cet état. On prétend que lorsqu'ils veulent conduire quelques provisions dans leur tanière, l'un d'eux se couche sur le dos ; que ses compagnons le chargent de ce qu'ils veulent emporter, qu'il retient ainsi entre ses quatre pattes, et que de la sorte ils le font servir de charriot en le traînant par la queue jusqu'à leur habitation. On prête la même habitude aux castors du Canada.

Les ours sont également assez communs dans les montagnes qui bordent le département de la Drôme, et forment spécialement les départemens de hautes et basses Alpes ; mais ils n'ont rien qui les distingue des ours que l'on voit dans les autres pays. On y rencontre aussi des lièvres dont la fourrure est blanche. Quant aux oiseaux, les plus remarquables sont sur-tout les aigles et les vautours, et quelques perdrix blanches ; mais ces cantons abondent principalement en *bartavelles* ou perdrix à pattes rouges, et ce sont les meilleures et les plus délicates.

Ce département, et en général tous ceux formés du ci-devant Dauphiné, sont également renommés par l'excellence et la rareté des arbustes, plantes et simples qu'ils fournissent à la botanique, et que la médecine emploie avec succès. On y trouve également des sels minéraux dont elle pourroit faire usage.

La situation du département de la Drôme, qui se prolonge sur la rive gauche du Rhône, est cause qu'il est arrosé par la majeure partie des rivières du Dauphiné, qui viennent se perdre dans ce fleuve. Les plus particulières sans doute sont le *Drac*, l'*Oron* et le *Veuse*. On pourroit dire que le Drac n'est pas même un ruisseau ; car, dans les tems de sécheresse, à peine s'aperçoit-on s'il coule un léger filet d'eau dans son lit. Mais lors de la fonte des neiges, ou lorsque quelqu'orage considérable a fondu sur les montagnes, ce lit qui, dans certains endroits, est aussi large que celui des grands fleuves, se remplit tout-à-coup, et ne suffit pas même quelquefois au volume immense d'eau qui roule dans son sein, et alors le débordement de ce torrent occasionne des ravages terribles. On se rappelle encore celui qui eut lieu dans le mois de décembre de l'année 1739. En moins d'une heure, un fleuve impétueux se trouva dans des lieux où l'on ne soupçonnoit pas même l'existence d'une source. Il se déborda avec une célérité inconcevable ; il entraîna tout ce qu'il rencontra sur son passage ; bourgs, villages, maisons, habitans, bestiaux, arbres, moissons, et même les terres. En certains endroits, il ne resta que le roc entièrement nu et dépouillé de tout ce qui pouvoit y assurer la végétation depuis des siècles : et malheureusement ce sont de ces sortes d'accidens qu'aucunes précautions humaines ne peuvent ni prévoir, ni parer.

L'Oron et la Veuse ont cela de particulier, qu'elles se perdent, ou pour mieux dire qu'elles

Vue de Montelimard.

coulent sous terre à différentes reprises, depuis leur source jusqu'à jusqu'à leur embouchure. Parmi les diverses plantes aquatiques qui se trouvent dans quelques-unes de ces rivières, et principalement dans le Rhône qui les reçoit dans son sein, et qui borde le département de la Drôme dans toute sa longueur; la plus singulière, sans contredit, est le Valisneria. Voici à-peu-près la description qu'un naturaliste Anglais qui l'a observée, en a donnée. Cette plante a une racine assez petite, d'où partent de longues feuilles d'un verd foncé, qui ne s'élèvent point au-dessus de l'eau, et restent au contraire toujours submergées. Du milieu de ces feuilles part une tige d'une longueur de deux ou trois pieds, tantôt plus, tantôt moins, mais toujours indéterminée, et cette irrégularité est une sagesse de la nature, comme on va le voir tout-à-l'heure. Cette tige est extrêmement foible et incapable de se soutenir sur elle-même. Elle n'est point droite, mais elle est en spirale à-peu-près comme un tire-bouchon, ou comme ces espèces de ressorts en fil de fer. Au bout de cette tige se trouve la fleur, assez semblable à une fleur de jasmin, mais beaucoup plus grande et plus longue. Si la nature a voulu que la plante entière fût sous l'eau, son intention de même a été que la fleur seule fût exempte de cette loi, et qu'elle fût au contraire toujours sèche, et c'est en cela que dans ses procédés la nature a été admirable, puisqu'en faisant la tige en spirale, elle a semblé calculer que la profondeur de l'eau étoit toujours inégale même dans les distances les moins éloignées, et que de la sorte elle a donné à cette spirale la faculté de s'allonger ou se raccourcir à volonté, soit que la surface de l'eau au-dessus de laquelle la fleur doit toujours être, soit plus ou moins élevée dans les crues d'eau, ou dans les basses eaux. La sécheresse de sa fleur a été voulue par la nature, parce que c'est au fond de son calice que se trouve la graine à laquelle la chaleur du soleil est nécessaire pour s'ouvrir. Le mécanisme de cette spirale agit avec tant de rapidité, que si la diminution ou l'accroissement de l'eau étoit subite, la fleur ne s'éloigneroit jamais de la surface de l'eau assez de tems pour en souffrir, ou ne seroit pas exposée à être submergée. Quand les graines sont suffisamment mûres, elles se détachent de la fleur; elles flottent alors pendant quelques-tems sur l'eau, jusqu'à ce que leur propre poids les entraîne au fond, où elles germent, et donnent naissance à d'autres touffes. Le même voyageur Anglais a observé que ces plantes offrent encore une autre singularité; c'est qu'elles sont habitées par une espèce d'insectes qui leur est particulière.

Ces insectes sont extrêmement singuliers. Il paroît, par ce que dit le naturaliste étranger que j'ai déjà cité, qu'à l'origine des feuilles dont se compose la fleur, il se trouve des trous ou espèces de cavités assez profondes, dans lesquelles se loge l'animal. D'abord il seroit assez difficile de supposer son existence, puisqu'il n'offre au premier coup-d'œil qu'un petit peloton de matière gélatineuse, d'un assez beau bleu, assez semblable à un petit globule de l'empois dont se servent les blanchisseuses quand il est coagulé ; il paroît que cet état est celui de repos de l'animal, ou celui qu'il éprouve lorsque l'agitation de l'eau, ou l'approche de quelques corps étranger l'alarme. Lorsque ce repos ou le besoin de se cacher cesse, et que l'on observe cette matière gelée, on voit sortir du centre une petite pyramide. A mesure qu'elle s'allonge, la matière gélatineuse diminue, jusqu'à ce qu'elle disparoisse en entier lorsque la pyramide est tout-à-fait formée. Si l'on observe plusieurs de ces pyramides à-la-fois, elles varient de couleur entre elles. Elles sont bleues, rouges, jaunes, violettes, et leurs teintes sont assez vives. Quand les pyramides sont formées, elles paroissent lisses pendant quelques instans. Ensuite ce n'est pas sans surprise qu'on les voit se couvrir de leur base jusqu'à leur sommet, de filets parallèles bien distincts qui semblent canneler la pyramide. Insensiblement ces filets se détachent de la pyramide, ou pour mieux dire ils la font disparoître, parce que c'est leur faisceau qui la forment. Ils s'étendent, se développent, et deviennent comme autant de rayons qui partent de ce qui sembloit la base de la pyramide, qui n'est autre chose que le corps de l'animal, et ces filets ou rayons sont autant de membres qu'il agite sans cesse. Au centre du corps est un enfoncement que l'on prend d'abord pour la bouche, mais il n'en est proprement que l'avenue. Sa véritable bouche se trouve au fond de cet enfoncement, espèce de petit gouffre

dans lequel il attire les animacules destinés à sa nourriture. Cette attraction paroît étonnante au premier coup-d'œil ; mais pour peu que l'on y réfléchisse, la cause en est toute naturelle : l'agitation continuelle des petits filets ou bras toujours dans une même direction, occasionne dans l'eau un petit courant ; et naturellement, par la conformation de cette petite machine animée et la nature de ses mouvemens, l'eau forme un petit tourbillon dont le centre se trouve précisément au-dessus de l'enfoncement ou petit gouffre dont je parlois tout-à-l'heure. Alors si quelque insecte d'une force moindre à la sienne approche, il est nécessairement entraîné par le courant. Si le hasard veut que ce courant ne le porte qu'au-dessus des rayons ou bas, il passe sans danger ; mais s'il se trouve dirigé vers l'entonnoir du tourbillon, il est, quoi qu'il fasse, englouti dans le petit gouffre, et il devient la proie de l'animal. Une chose non moins extraordinaire, c'est que si la victime oppose une force de résistance, ou que le volume soit trop grand pour ce gouffre, alors tous les rayons se redressent à-peu-près comme lorsque la pyramide existoit ; ils saisissent la proie, l'enveloppent, la serrent, jusqu'à ce que l'animal vorace l'ait étouffé et dévoré par parties s'il ne peut le faire en entier. Ce repas une fois fini, il tombe dans une sorte d'engourdissement, les filets ne s'agitent plus que mollement, et il a tous les symptômes d'une digestion laborieuse ; mais malgré cette stupeur apparente, il retient toujours le sentiment de sa
conservation,

Vue de Die

disoient, quand ils décidèrent que le *péché d'Adam* n'a pas été uni seulement au corps, mais encore à l'ame, et qu'il a passé à ses descendans ; que la grace de Dieu n'est pas donnée à ceux qui l'invoquent, mais qu'elle fait qu'on l'invoque ; que par les forces de la nature, nous ne pouvons ni rien faire ni rien penser qui tende au salut, etc. etc. ; d'où il résulte que nous ne sommes pour rien dans tout ce que nous faisons de bien ? Et c'est lorsque l'on a inondé les esprits crédules de ces rêves métaphysiques, qu'il faut avoir recours à de nouveaux conciles pour condamner ceux dont la raison les rejette ! et c'est lorsqu'ils sont condamnés, qu'il faut avoir recours au glaive pour les exterminer ! et c'est parce qu'ils défendent leur vie, que le monde se divise, et que la terre s'humecte par-tout de sang humain ! Et que de cet embrâsement général, où remonte à sa première étincelle, on trouvera que l'on s'égorge, parce qu'il plut, cinq ou six cents ans avant, à quelques têtes exaltées, à quelques cerveaux brûlés de prononcer sur ce qu'ils n'entendoient pas, et qu'aucun homme ne peut entendre ni savoir ! et voilà pourtant la marche ordinaire de l'esprit de parti, soit religieux, soit profane !

Il ne nous restoit plus, avant de quitter le département de la Drôme, que *Die* et *Crest* à visiter. Nous sommes donc retournés à-peu-près sur nos pas ; et gagnant les montagnes, nous avons traversé *Nions*, petite ville située sur la rivière d'Aygues, où l'on voit un pont que l'on prétend construit par les Romains. L'on y observe un phéno-

C

mène de la nature assez singulier ; c'est un vent qui s'élève régulièrement à minuit, et dure jusqu'à neuf ou dix heures du matin. Ce vent est froid ; et pendant l'été sur-tout, il est prudent de s'en garantir. On le nomme le *pontias*, du nom d'une montagne où l'on prétend qu'il prend naissance, et qui n'est pas fort éloignée. Nous avons fait trop peu de séjour à Nions pour vérifier un fait qui mériteroit des observations réitérées pour le constater.

Die fut célèbre parmi les protestans par son université et par le commerce qu'ils y avoient établi. C'est encore une ville que la révocation de l'édit de Nantes a ruinée totalement. Ses habitans se dispersèrent en Hollande, en Allemagne, en Angleterre, et y portèrent leur industrie ; et la présence d'un évêque ne la dédommagea pas de leur absence. Elle n'est plus rien aujourd'hui, et toutes ses ressources se réduisent à la soie qu'elle recueille. Elle avoit une citadelle que l'on a rasée.

Crest est plus heureuse. Quoique les débordemens de la Drôme désolent souvent son territoire, il recouvre bientôt sa fertilité, et il est abondant en pâturages, en vins, en grains, en bois et en bestiaux. Elle cultive aussi les mûriers et les insectes qu'ils nourrissent. Pour une aussi petite ville, elle fait un commerce assez étendu, soit par la filature du coton et du lin dont Lyon et Nîmes lui procurent le débit, soit par ses fabriques de serges et de ratines, qui jouissent d'une certaine réputation.

Les communications intérieures exigeroient que l'on construisît des ponts sur la Drôme, la plus capricieuse de toutes les rivières, dont les gués varient journellement, et qui, coupant ce département en deux parties, peut, dans sa perpétuelle instabilité, gêner infiniment les relations commerciales. Plusieurs de ces ponts ont déjà existé, et c'est un préjugé de croire qu'ils ont été emportés par les eaux. Ils ont été simplement détruits par le tems et par la négligence des administrations anciennes. Les montagnes sont riches en plomb, et l'on croit que celle d'*Orel* renferme beaucoup d'or. La tradition veut que les Romains en aient tiré un très-grand parti. Ils ne l'ont pas sans doute épuisée, et l'on devroit au moins essayer si cette opinion, qui est générale dans le pays, repose ou non sur une erreur.

Les sciences et les lettres comptent dans ce département peu d'hommes qui les aient illustrés. On ne cite guère qu'un ministre protestant, nommé *Jacques Bernard*, qui fut le continuateur de *Bayle* pour les *nouvelles de la République des Lettres*, mais qui fut bien au-dessous de son prédécesseur. Il ajouta de même un supplément au *Dictionnaire de Moréri*, et on lui doit encore quelques volumes de la *Bibliothèque universelle de Leclerc*. Valence fut aussi la patrie d'un médecin assez original. Il se nommoit *Laurent Joubert*, et Henri III l'appela à sa cour dans l'espoir qu'il lui indiqueroit un moyen d'avoir des enfans. La dissolution de ce siècle permit à ce Joubert d'être dans ses ouvrages d'un cinisme effronté. Il composa un traité des *Erreurs populaires*, dans lequel il entre dans le détail des parties les plus secrètes du corps humain, et des procédés de la nature, par des descriptions plus que licencieuses; et par suite de cette indécence fort à la mode alors, il dédia son ouvrage à Marguerite de Valois, sœur de Henri III, et depuis femme de Henri IV. Valence donna aussi le jour à un poète fort ignoré aujourd'hui, quoiqu'il ait été de l'académie française : ce fut *Baro*, auteur de la *Parthenie*, et de quelques tragédies entièrement oubliées, et continuateur du trop fameux roman de l'*Astrée*.

Accusons de cette infertilité d'hommes savans, non le génie, non l'esprit des habitans de ce département, mais les troubles religieux, mais les persécutions qu'ils occasionnèrent, mais l'ignorance de la cour elle-même, qui, pendant si long-tems, n'estima que les frivolités, les momeries et les plates adulations. Par-tout où il faudra que les hommes, pour percer dans le monde et s'élever au-dessus de la réputation vulgaire, soient flatteurs et rampans; qu'ils n'aient d'autre Dieu que celui qu'on leur commandera d'avoir; qu'ils soient dans leurs écrits menteurs à leur propre conscience ; sans cesse en contraste avec leur raison ; et toujours en garde contre la sagesse, l'observation et l'expérience nécessairement ennemis de la vérité dont tous les hommes ont tant besoin pour conserver la connoissance de leurs droits ; cessons de nous étonner en rencontrant quelques pays où les écrivains recommandables auront été moins nombreux. Cette indigence même est peut-être à la gloire des pays où elle se remarque ; c'est qu'ils auront eu moins

conservation, et si vous agitez l'eau du vase, par exemple, dans lequel on l'auroit placé pour faire ces observations, ou pour mieux dire dans lequel on auroit placée la plante dont je viens de parler, qui en contient toujours un grand nombre ; si, dis-je, on agite l'eau, soudain tout disparoît, et vous n'appercevez plus que les petits flocons de matière gelée.

Quoique rarement je sois entré dans ces sortes de descriptions pendant le cours de ce voyage, et qu'en général je n'aye fait qu'indiquer dans cet ouvrage les objets qui peuvent intéresser l'histoire naturelle, je n'ai pu me refuser de m'étendre un peu plus longuement sur celui-ci, qui sûrement bien connu des savans professeurs d'histoire naturelle que la République possède, mérite cependant d'intéresser le lecteur par la rareté de son espèce, sa forme singulière, et ses mœurs particulières.

Le courage, vertu naturelle à tous les Français, est sur-tout aussi le partage de tous les habitans de la Drôme, et des différentes parties connues avant la révolution sous le nom de Dauphiné ; les femmes mêmes n'y sont point étrangères à cette noble qualité qui prend sa source dans l'élévation de l'ame ; et ce n'est pas seulement Marguerite de Lage, dont j'ai parlé plus haut, qui dans ce pays s'est illustrée dans les armes ; il en est encore quelques autres, entr'autres *Philis de la Tour-du-Pin de la Charce*, fille d'un *marquis* de la Charce. J'ai parlé dans le département de l'Isère de la guerre que Louis XIV déclara au duc de Savoie. Pendant

* C

le cours de cette guerre, on peut se rappeler que j'ai dit que ce duc de Savoie fit une incursion dans la France, en pénétrant dans le Dauphiné. Ce fut à cette époque que cette dame de la Tour-du-Pin ne consultant que son courage, et vivement animée par les dangers que couroit sa patrie, fit prendre les armes à toutes les communes des environs des possessions de son père, organisa en compagnies tous les volontaires que son exemple et ses discours avoient enflammés, les présenta à M. de Catinat qui commandoit l'armée française, obtint de lui la permission de ne pas quitter le secours qu'elle lui amenoit et l'honneur de guider ces braves gens au combat. En conséquence, elle se mit à leur tête, se trouva avec eux aux différentes batailles qui furent livrées aux Piémontois; contribua dans tous les combats à leur succès; chargea l'ennemi comme un simple soldat, et enfin, par ses exploits nombreux, accéléra sa retraite. Louis XIV voulut la voir. La conduite de cette héroïne devoit plaire à ce roi dont le penchant pour la guerre attira tout ensemble tant de gloire et tant de calamités sur la France; il lui fit l'accueil que tant de dévouement méritoit, et une pension considérable fut la récompense de ses services.

C'est sur les frontières qui séparent ce département du département de l'Isère, que la famille de Clermont-Tonnerre, dont l'un des derniers descendans a marqué dans la révolution par de grands talens et par une mort malheureuse, effet du choc des

opinions, et qui a privé la république d'un homme qui auroit pu la servir si avantageusement, parce qu'il avoit des sentimens de liberté qui tôt ou tard eussent étouffé quelques préjugés ; c'est, dis-je, sur les frontières de ce département, que cette famille de Clermont a pris naissance, et a long-tems vécu dans la splendeur. Elle s'étoit alliée dès les treizième et quatorzième siècles avec les rois de Naples, de Sicile et d'Hongrie, et dans le dernier siècle, elle hérita de cette maison de Luxembourg qui avoit fourni des empereurs à l'Allemagne. Ces alliances donnèrent beaucoup d'orgueil à cette famille, et quelques-uns de ses membres poussèrent cette vanité jusqu'au ridicule. L'histoire a conservé le souvenir d'un procès bizarre qu'un François de Clermont-Tonnerre, évêque de Noyon, eut avec le chapitre de sa cathédrale, dont les chanoines se refusoient à lui porter la queue. Cette cause scandaleuse fut plaidée solemnellement au parlement. On traita sérieusement ce qu'il eût fallu livrer aux épigrammes. On a retenu cette phrase plaisante de l'avocat *Fourcroi*, qui plaidoit pour les chanoines. « La queue de
» monseigneur l'évêque de Noyon, dit-il, est une
» comète dont la maligne influence s'étend sur
» toute l'église gallicane. Ne seroit-ce pas bien là
» l'instant d'appliquer ce vers de Racine :

» Ma foi, juge et plaideurs, il faudroit tout lier. »

Si l'on descend le Rhône avec une grande rapidité, et si cela procure une très-grande commodité non-seulement aux voyageurs qui se rendent de Lyon dans les contrées du midi de la république, mais encore aux habitans des différentes villes du département de la Drôme sur les bords du Rhône, qui veulent communiquer entr'eux, par une raison contraire, la difficulté que l'on éprouve à remonter ce même fleuve, et le tems qu'il faut consumer à ce retour, ont fait multiplier tous les moyens de faciliter les voyages par terre pour retourner vers Lyon. Non-seulement la poste et les voitures publiques y procurent les commodités communes à tous les pays, mais encore vous y trouvez par-tout des voitures particulières appelées carrossins, qui viennent communément de Provence, attelés de bons mulets qui font de fortes journées, et enfin, ce qui paroîtra assez singulier, une poste que l'on appelle la poste aux ânes, et qui est effectivement servie par ces animaux. A la démarche lente qu'on leur connoît à Paris, on est tenté de regarder cette poste comme une plaisanterie. Elle n'en est pas moins réelle.

Pourquoi faut-il que l'esprit de parti ait tant de fois attristé cette belle et riche partie de l'ancien Dauphiné! O Français! amis de la liberté! unissez-vous pour les effacer ; versez enfin le baume de la sagesse sur tant de plaies qui saignent encore ; cette ville doit être sacrée pour vous : songez qu'elle donna le jour à la mère de Cicéron.

Et pourquoi cet esprit de parti? Ce n'est souvent que pour soutenir des opinions que l'on n'entend pas, et que n'entendirent pas davantage ceux qui les émirent. Par exemple, les pères d'un concile tenu dans ces contrés, entendoient-ils bien ce qu'ils
disoient,

d'hommes qui se soient laissés entraîner au torrent de leurs siècles. Il faut la liberté parmi les peuples, pour que les hommes de génie se montrent. Ce n'est qu'avec elle et que par elle que naissent les idées généreuses, grandes, sublimes et libérales ; et, dans cent ans peut-être, le département de la Drôme n'aura rien à envier en hommes fameux dans les lettres et les sciences aux autres contrées de la république !

NOTES.

(1) VALENCE, *Valentia*, fut érigée en colonie du droit militaire par Auguste, suivant Pigagniol, et elle porta le nom de *Julia Augusta Valentia*. Dans la notice des provinces, on la trouve sous le nom de *Civitas Valentinorum*.

(2) Le *Valentinois* appartint long-tems à la maison de *Poitiers*. Louis de Poitiers le donna à Charles VI, qui le réunit au Dauphiné. En 1499, Louis XII l'érigea en duché-pairie en faveur de l'un des plus grands scélérats dont l'histoire ait conservé le souvenir, César Borgia, fils d'un père aussi criminel, Alexandre VI, pape. Cinquante ans après, Henri II le donna à sa maîtresse, Diane de Poitiers, qui en prit le titre de duchesse de Valentinois, c'est-à-dire en 1548. Enfin, en 1642, Louis XIII le donna à Honoré de Grimaldi, prince de Monaco, en compensation des propriétés qu'il avoit abandonnées dans le royaume de Naples. Comme on le voit, ce pays n'eut pas trop à se louer des cadeaux de sa cour.

(3) Cette citadelle fut bâtie sous François I.er Elle seroit susceptible de quelques jours de défense, et est à l'abri d'un coup de main. Mais l'art de la fortification des places s'est tellement perfectionné, ainsi que celui de les assiéger, qu'il faudroit faire des travaux considérables à celle-ci pour la rendre une véritable place de guerre.

VOYAGE
DANS LES DÉPARTEMENS
DE LA FRANCE,

Enrichi de Tableaux Géographiques
et d'Estampes;

Par les Citoyens J. LA VALLÉE, ancien
capitaine au 46°. régiment, pour la partie
du Texte; LOUIS BRION, pour la partie du
Dessin; et LOUIS BRION, père, auteur de la
Carte raisonnée de la France, pour la partie
Géographique.

L'aspect d'un peuple libre est fait pour l'univers.
J. LA VALLÉE. *Centenaire de la Liberté*. Acte Ier.

A PARIS,

Chez Brion, dessinateur, rue de Vaugirard, N°. 98,
près le Théâtre-François.
Chez Buisson, libraire, rue Hautefeuille, N°. 20.
Chez Desenne, libraire, galeries du Palais de l'Egalité,
N°s. 1 et 2.
Chez l'Esclapart, libraire, rue du Roule, n°. 11.
Chez les Directeurs de l'Imprimerie du Cercle Social,
rue du Théâtre-François, N°. 4.

1793.
L'AN SECOND DE LA RÉPUBLIQUE FRANÇAISE.

Nota. Depuis l'origine de l'ouvrage, les auteurs et artistes nommés au frontispice l'ont toujours dirigé et exécuté.

Ouvrages du Citoyen JOSEPH LA VALLÉE.

Le Nègre comme il y a peu de Blancs.	3 vol.
Cecile, fille d'Achmet III.	2 vol.
Tableau philosophique du règne de Louis XIV.	1 vol.
Vérité rendue aux Lettres.	1 vol.
Serment civique, comédie en 1 acte.	1 br.
La Gageure du Pélerin, en deux actes.	
Départ des Volontaires Villageois, comédie en 1 acte.	
Voyage dans les Départemens.	*Vid.* 31 n^{os}.

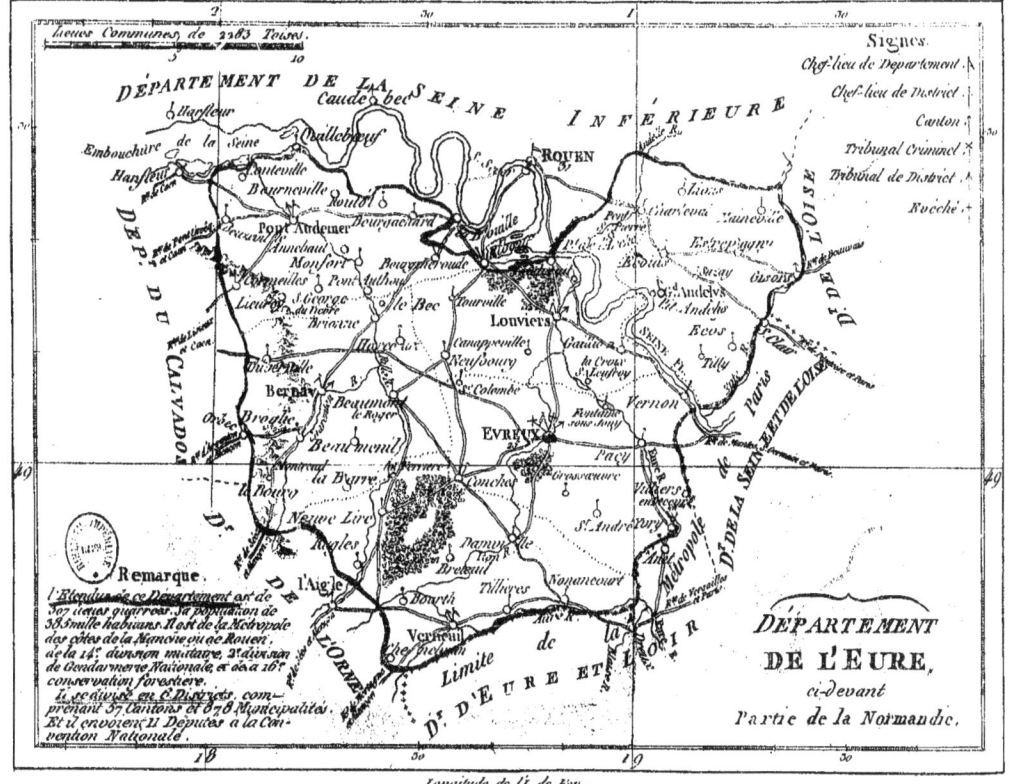

VOYAGE
DANS LES DÉPARTEMENS
DE LA FRANCE.

DÉPARTEMENT DE L'EURE.

Autant le département que nous venons de quitter est richement monotone, autant celui dont nous avons à vous parler, mon ami, est varié. C'est le chef-d'œuvre de la nature. Comment ces cantons enchanteurs n'ont-ils pas eu de Gesner? (1) et tant de poëtes cependant ont parlé des rives de l'Eure. C'est qu'il faut du génie où la nature est au-dessus des hommes, il ne faut que des vers là où les hommes se mettent au-dessus de la nature. Un territoire fameux par les victoires d'un *roi* qu'il fut de mode d'aimer quand il n'exista plus, où les Belle-Isle, les Harcourt, les Broglie, les Bouillons, etc, c'est-à-dire, les êtres les plus insolemment superbes que la France ait produit ont habité où le commerce a déployé toutes les inventions du luxe, un territoire enfin où l'orgueil monarchique, où la fierté nobiliaire, où l'opulence commerciale se sont réunies pour disputer de splendeur avec l'immortel éclat de la parure du sol, est fait pour échapper aux pinceaux de Théocrite. Le chantre de la nature sent se paralyser les cordes de sa lyre quand il voit les passions des hommes percer à travers les paysages.

Je ne rappellerai point ici la valeur de ce Henri IV à cette bataille d'Yvri, ni tous ces mots que l'esprit inspire au monarque incertain de régner, dont le sort dépend de l'opinion qu'il incrustera dans le cœur de ceux qui le suivent, et dont l'adresse n'ignore pas que l'homme, plus ébloui par l'héroïsme que par la vertu, prend toujours l'enthousiasme des choses pour l'amour des effets. Qu'importe que Henri de Navare ait désigné son panache blanc comme le guidon de la gloire ? qu'il ait embrassé Schomberg pour réparer l'injure sanglante qu'il avoit faite à cet homme d'honneur ? qu'il ait assimilé sa fortune à celle des soldats aveugles qui couroient à la mort pour son ambition ? C'étoit à la flatterie à recueillir ces élans d'une jactance politique : elle la fait. Son éternelle manie est de feindre le vol de l'aigle quand elle rampe comme les serpens. Que gagne l'homme à ces récits ? l'amour des rois. Ne gagne-t-il pas aussi la peste en admirant l'étoffe superbe qui débarque du levant ? Ce qu'il faut remettre à sa mémoire, parce que la leçon des humains est assise sur le livre de leurs calamités, c'est l'état où étoit Paris pendant cette fameuse bataille d'Yvri. Ce qu'il faut rappeler, c'est l'infernal génie de cette Médicis planant encore après sa mort sur cette ville qu'elle avoit innondé de sang pendant sa vie. Ce qu'il faut rappeler, c'est l'épouvantable vengeance formant ses autels des monceaux de cadavres égorgés sur les rives de la Seine aux noms de Dieu, des rois, et de la paix. Ce qu'il faut rappeller, ce sont les infortunes d'un peuple, froissé entre la misère et le fanatisme, entre sa raison irritée et l'absurde logique d'une horde de prêtres, entre la faim dévorante et le luxe insolent de quelques grands ambitieux, entre la vague inquiétude du sentiment inné de la liberté et la douloureuse agitation du sommeil de l'esclavage. Ce qu'il faut rappeller, ce sont les absurdes fureurs de la faction des seize, marchant au pouvoir souverain sous l'étendard de l'anarchie : la fausse stoïcité de ce parlement, imaginaire hécatombe de l'amour des loix et de la patrie, et victime effective d'un déplorable orgueil trahi par la foiblesse et par l'époque : la puérile présomption de cette sorbonne affectant la science du ciel pour décréter le trouble, et conjurant la discorde de la proclamer sainte, afin de prostituer la vérité, sous les yeux de la terre en silence, aux lubriques desirs du mensonge effréné : la grossière effronterie de ces moines, les poignards à la ceinture et l'hostie dans les mains, la prière sur les lèvres et le sang sur le front, la pacifique béatitude du cloître sur tous les membres, et la rage des enfers au fond du cœur, promenant, dans Paris, leur dieu et l'assassinat, leur bannière et le meurtre, le crucifix et la luxure, et traînant leur graisse insolente à travers les flots d'un peuple agenouillé devant les livrées de l'imposture, de la superstition et de l'oisiveté, à travers une multitude tumultueuse dont le crâne desséché par la famine se courboit devant le froc ennivré de l'abondance des temples. Voilà ce qu'il faut répéter dans tous les siècles, parce qu'à la fin l'oubli de la gloire des rois naîtra du souvenir des douleurs des nations, et que l'homme apprendra du moins que le dernier de ses crimes est de se consoler des malheurs et des fléaux de l'humanité, parce qu'un roi fut populaire, parce qu'un grand fut heureux, parce qu'un moine fut éloquent. Oui, éternelles infortunes des nations ! il faut vous retracer jusqu'à la satiété pour forcer les mortels à comparer enfin, la réalité des souffrances politiques avec la possibilité de la félicité nationale, et les amener à rendre hommage à cette grande vérité : effacez les trônes et les autels, il ne restera que dieu et l'homme.

Ceux qui écriront avec un cœur pur l'histoire de la révolution, et ceux qui la liront avec un esprit étranger à tous les partis, nous sauront gré de remettre en lumière ces tableaux douloureux des infortunes de nos pères. Ils en sentiront la raison comme nous l'avons sentie. Nous arrivons dans ce département de l'Eure : qu'y trouvons-nous ? la guerre civile prête à dévorer les fruits de quatre années de révolution, de sacrifices et de travaux ; et par-tout la chose publique pour prétexte, et les passions de quelques hommes pour cause. Nous ouvrons l'histoire et nous comparons les époques : nous trouvons la pâte des événemens changée, mais le levain le même : ce qu'on fit pour nouer la ligue, pour assembler toutes les parties de ce monstre, on le fait aujourd'hui pour le ressusciter sous un autre nom. Si notre ouvrage ne devoit frapper que sur les circonstances actuelles, et que la mort ou l'oubli l'attendissent lorsqu'il auroit produit son effet instantané, nous rassemblerions toutes nos forces pour conjurer les événemens et repousser les maux qu'ils peuvent amener : mais nous sommes à la tribune de la postérité : nous parlons aux siècles futurs, et le langage ne peut plus être le même. L'homme qui écrit pour l'avenir est assis sur le rivage des nations : c'est un fleuve dont il ne voit que la source et l'embouchure : ce qui fut, ce qui sera, voilà ce qui l'occupe. Si les hommes respectent la masse imposante des eaux qui s'écoulent aux pieds de l'écrivain ; il les devine réunies, immenses, puissantes, arrivant avec majesté dans le sein des mers : s'il voit, au contraire, des millions de bras les extravaser dans mille canaux divers sous prétexte de fertiliser les plaines, il sent qu'il n'arrivera plus de ce fleuve qu'un foible et vil ruisseau que le sable même des plages lointaines dévorera comme un tribut indigne de l'océan superbe. Postérité vous êtes cet océan ! Assise au bas de l'échelle des siècles, vous ignorerez ce qui se passa sur votre tête : vous jugerez les événemens quand nous ne présidons qu'à la lutte des passions : mais bien est-il vrai qu'ils auront tort à vos yeux, ceux à qui l'union ne parut pas une base sacrée en politique, ceux qui crurent que le morcellement de la France seroit le simptôme de sa solidité ; et leur erreur fût-elle le songe d'un cœur pur, le tems, qui dévoile tout, parvint-il a justifier leurs intentions aux dépens des combinaisons de leur esprit : Mieux éclairée que nous sur leur droiture, fussiez-vous convaincue qu'ils ont cru au bien en raisonnant mal, votre reconnoissance toute fois s'attachera sur ceux qui considérerent l'union, l'indivisibilité de la République comme le présage de sa robusticité : vous aimerez ceux dont les mains bâtissoient la puissance nationale sur les pilotis incorruptibles de la fraternité : vous bénirez ceux dont la voix crioit aux hommes, aimez-vous, unissez-vous si vous désirez sincèrement que la patrie vive. Alors vous nous saurez gré d'avoir, au milieu des orages, rappellé les orages anciens : d'avoir repeint les naufrages fameux de nos pères : d'avoir échappé au reproche que vous pourriez nous faire en taisant ce qui fut pour prémunir contre ce qui pourra être ; vous direz enfin de nous : ils s'appesantirent souvent sur les défaites des rois, parce que c'est poignarder l'orgueil, mais ils dédaignèrent de décrire leurs victoires parce que c'eût été la corruption du monde.

Nous avons détruit les rois : quel reproche peut nous faire l'humanité ? Nous avons renversé la superstition : quel reproche peut nous faire la raison ? Qu'elle examine, avec nous, la réception d'un évêque d'Évreux et qu'elle réponde : nous chercherons Dieu dans cette cérémonie bisarre et gothique, et nous n'y trouverons que l'homme.

Évreux est le chef-lieu de ce département. L'évêque y possédoit, à cinq lieues de distance, un château

que l'on appelloit Condé. Des palais dans les villes, des maisons de plaisance aux champs pour les successeurs du christ qui n'avoit pas une pierre pour reposer sa tête ! O christ ! ô le plus digne de tous les hommes, ta morale est un monument éternel de la méchanceté des prêtres. C'étoit de ce château de Condé que l'évêque commençoit son entrée solemnelle. Il partoit en habits pontificaux, monté sur une haquenée, et venoit en procession jusqu'à l'abbaye Saint-Germain-des-Prés, à un quart de lieue d'Évreux. Là le recevoient les corps-de-ville et le clergé : et des chefs-d'œuvres de déraison se débitoient en guise de compliment. Là se traitoit de *monseigneur* l'homme qui disoit que son royaume n'étoit pas de ce monde : là se traitoit d'auguste personne celui qui, pendant dix ans peut-être, avoit rampé aux pieds de tous les valets de cour, de leurs laquais et de leurs courtisannes pour obtenir cet évêché. Là se qualifioit de prélat vertueux l'homme qui souvent s'élançoit des murs d'un serrail impur pour accourir au trône épiscopal (*). On con-

* En 1775 un de mes amis, homme digne de foi, et qui maintenant occupe une place de confiance dans la République, alors maire d'une ville de la ci-devant Franche Comté, C... D... rencontre à dix heures du soir, rue de l'Arbre-sec, un abbé de sa connoissance. Où vas-tu souper, lui dit l'abbé ? nulle part, répond C... D... je me retire. —— Viens, suis moi, je te ferai passer quelques heures agréables. Après quelques façons, il se décide, et suit l'abbé : non loin de-là ils

duisoit de-là, l'évêque à l'abbaye de Saint-Taurin, où le prieur et les religieux ne manquoient pas de se trouver parce que la haquenée et l'anneau d'or leur appartenoient *de droit* ; on encensoit, on asper-

entrent dans une allée, ils montent à tâtons un escalier étroit, ils parviennent, enfin, à un quatrième ; l'abbé sonne avec mystère : un laquais vient ouvrir, ils traversent deux autres chambres obscures, et arrivent après dans une salle à manger, superbement illuminée, où brilloit un couvert de dix-sept personnes. L'introducteur ouvre la porte d'un salon : je vous présente, dit-il, un aimable convive qui doublera l'agrément que vous vous promettez. Quelle est la surprise du C... D...? ce sont huit évêques qu'il rencontre. L'un d'eux, et c'étoit l'Architriclin, devoit être sacré le lendemain. D'abord la conversation décente ne lui permit pas le plus léger soupçon ; cependant ils n'étoient que huit : pour qui donc ce nombre de couverts qu'il avoit remarqué en entrant : il fut bientôt au fait : la porte s'ouvre ; il croit que le reste du concile va paroître : point du tout ce sont huit filles charmantes qui entrent. Plus à leur aise alors, les aimables bons mots, les plaisanteries légères voltigent à la ronde, et le plaisir folâtre prépare aux bienfaits de Comus. Cependant on se met à table : comme on le voit, l'abbé et C... D... étoient veufs. C'étoit le rôle de l'abbé, mais non pas celui de mon ami ; il étoit aimable, il se promit bien de n'être pas un acteur inutile dans le dénouement de cette scène. Il étoit placé à côté de l'homme à sacrer, et de l'autre côté étoit la charmante Aspasie qui devoit donner au *monseigneur* futur les derniers adieux des voluptés mon-

geoit, on haranguoit, on faisoit baiser le crucifix, et l'on conduisoit au maître autel le monseigneur à qui l'on mettoit sur la tête la mître de Saint-Taurin. Ainsi mîtré, mais non crossé, le pontife donnoit sa première *bénédiction* au peuple, et l'on alloit dîner, doxologie intéressante et jamais oubliée dans les cérémonies de tous les cultes. Tout le monde mangeoit, évêque, abbés, prieurs, moines et leurs amis, excepté le peuple qui payoit. Ensuite on soupoit et l'on se couchoit jusqu'au lendemain qui amenoit un scène plus ridicule encore.

daines. Le champagne arrive, et dans le fond des flacons fumeux l'oubli des convenances : la marotte de la folie, les hochets des orgies chassent bientôt les mitres et les crosses : les sacreurs et les sacrables ne sont plus que des hommes. La raison s'en fuit, l'amour reste : deux heures sonnent, les couples chancelans s'écoulent par les portes : l'abbé va porter ailleurs l'emploi de ses talens. Le prélat du lendemain, endormi dans le vin et sa gloire future, a glissé sous la table : on le dépose sur un fauteuil dans sa chambre. Aspasie et C... D... restent seuls avec ce témoin insensible. Le lit épiscopal est là........ il étoit jour, quand C... D... regagna sa maison : il avoit besoin de repos ; mais des cloches bruyantes le chassèrent de ses yeux. C'étoit la cérémonie qu'elles annonçoient. Il y courut : ses collègues nocturnes surchargés d'or et de pierreries, entourés d'encensoirs et de luxe, les yeux baissés, la fausse vertu sur le front, pavanoient lentement leurs membres fatigués. C... D... rit beaucoup, mais tout bas, car le peuple à genoux prenoit la pâleur des prélats, pour les excès de la pénitence.

Ce lendemain l'évêque et tout le clergé, accompagnés de tous *les corps-de-ville* entonnoient, dans cette église de Saint-Taurin le *Veni creator* pour inviter le Saint-Esprit à présider à la fête de l'absurdité. On partoit en procession, et l'on se rendoit à une petite baraque, dite maison *de la Crosse*, et, soi-disant, appartenante à l'évêque : c'étoit pour jouer *au roi dépouillé*. L'hôte de cette maison se trouvoit sur le seuil de sa porte, prenoit l'évêque par la main, le plaçoit sur un fauteuil près de la chéminée, et lui disoit, *monseigneur!* soyez le bienvenu dans votre petite maison *de la Crosse* : vous me devez aujourd'hui à dîner et un mets séparé. Entroient ensuite les trésoriers de la paroisse de Saint-Leger d'Évreux, qui disoient à l'évêque, *monseigneur!* nous sommes obligés de vous déchausser, et vos bas et vos souliers appartiennent à notre trésor de Saint-Leger, et l'on déchaussoit le prélat. Alors au prélat nus pieds, se présentoit le *seigneur* de Fauquerolles et de Gauville, qui lui offroit une poignée de paille coupée, en lui disant, *ceci vous dois, et autre chose ne vous dois, ni moi, ni mes sujets.* Alors la procession repartoit, et, pour que l'évêque ne chaumât pas de paille dans ses besoins, le même *seigneur* avoit soin d'en semer, sous ses pas, jusqu'au-delà du pont où le chapitre de la cathédrale l'attendoit. Les moines de Saint-Taurin et le chapitre une fois en présence, le prieur disoit au doyen : *Voici, monseigneur, notre illustrissime évêque que nous vous amenons. Vif nous vous le baillons, et mort vous nous le rendrez.* Dans cet instant arrivoit le *seigneur* de Convenant, armé, botté, et éperonné qui, se mettant à genoux devant l'évêque, lui juroit fidélité *contre tous autres*, *fors le roi*. Venoit enfin l'heure du dîner où trois à quatre cents personnes étoient invitées.

A ce dîner le *seigneur* de Gauville n'oublioit pas de servir à boire à l'évêque, parce que la coupe de vermeil qu'il lui présentoit, et qui devoit être du poids de quatre marcs lui appartenoit. On voit que sa paille lui étoit bien payée. Alors, quand par orgueil il avoit fait le laquais tout à son aise, l'évêque, par orgueil aussi, le faisoit asseoir à sa table. J'en appelle à votre raison peuple ! que les prêtres ont trompé si long-tems : vous ! qu'ils voudroient tromper encore pour vous ravir cette liberté, cette égalité qui les tuent. Répondez ? qu'avez-vous cru vénérer dans les prêtres ? Le Dieu dont ils se disoient les ministres. Eh bien ! que faisoient-ils pour Dieu dans la réception de l'évêque d'Évreux ? En quoi la haquenée du *monseigneur*, le dépouillement de ses souliers et de ses bas par les trésoriers de Saint-Leger, la paille du *seigneur* de Gauville, les génuflexions du *seigneur* de Convenant, la coupe du poids de quatre marcs, et les dîner, et toutes les folies de ce jour intéressoient-elles l'Etre suprême ? Le christ que ces gens-là vous prêchoient, avoit-il un Château, des palais, des *seigneurs* qui lui prêtoient, à genoux, foi et hommage, des coupes de vermeil pour se désaltérer, des quatre cents convives à sa table ? Il avoit de la modestie, de la simplicité, du désintéressement, de la droiture, de l'équité, et de la misère ; il avoit enfin tout ce qu'ils n'avoient pas. Il n'ont pas prétendu qu'il fut homme parce qu'il falloit bien l'entourrer d'un nuage métaphysique pour se dispenser de l'imiter. Ils l'ont appelé Dieu, parce qu'il étoit dangereux de l'appeler philosophe.

Mais c'est peut-être moins encore l'attachement aux prêtres qu'un amour ridicule, mais invétéré pour les rois, dont on se sert pour soulever le peuple contre la liberté républicaine ? Qu'Évreux nous fournisse donc encore un exemple pour renverser cette idole vermoulue. Il étoit comte d'Évreux ce Charles, roi de Navarre, que la flatterie n'a pu dispenser de l'épithete de mauvais ! Je dis la flatterie, et c'est une vérité: plus les rois sont méchans plus ils ont de flatteurs. Et par cette raison même ceux qui conservent dans l'histoire les surnoms de *justes*, de *sages*, de *bons*, de *magnanimes*, en sont plus suspects au philosophe. Le poison, le rapt, la discorde civile, l'ambition effrénée filèrent la trame des jours de cet homme détestable. L'horrible confusion où la captivité du plus inconséquent et du plus téméraire des hommes, Jean II, jettoit la France, fut l'instant que Charles-le-Mauvais saisit pour s'enrichir des débris du *royaume* que l'anarchie semoit dans son vol incertain. Ce ne fut ni par les armes, ni par la politique qu'il chercha à se les approprier, mais ce fut par une voie plus digne de lui, l'assassinat. Il convoitoit le *comté* d'Angoulême. Charles de la Cerda le demandoit pour sa femme, sœur de Charles V. Charles-le-Mauvais, pour terminer ce démêlé, trouva plus court de faire massacrer la Cerda. Par un phénomène rare, son titre de roi, ne le garantit pas du châtiment du crime. Charles V le fait arrêter : mais où l'innocence ne trouve que la patience pour sortir des fers, un scélérat trouve la corruption. Charles-le-Mauvais acheta l'infidélité de ses gardes et se sauva. Ce fut alors qu'il accourut à Paris et qu'il y traîna la confusion. Tout fut embrâsé par l'horrible talent qu'il avoit de séduire, de calomnier, de diviser. Il fut à la fin chassé de cette ville, et bientôt après il parvint à s'armer contre Charles V. Vaincu, on lui accorda, par un traité, ce qu'il ne demandoit pas : c'est-à-dire, que l'on joignit, à son *comté* d'É-vreux, Montpellier et son territoire : mais il se garda bien de renoncer à ce que l'on auroit bien voulu lui enlever, c'est-à-dire, l'amour du crime. Charles V, qu'il avoit provoqué, persécuté, outragé, venoit de le combler de bienfaits : pour s'acquitter il l'empoisonna ; et, comme s'il eût fallu que ses forfaits eussent un cachet qui le fissent reconnoître, il fit périr le seul homme, entre les monarques, que l'humanité auroit pu se plaire à conserver : et il n'est pas indifférent d'observer que c'est un roi qui assassina le seul roi dont l'homme libre puisse avouer les vertus. On pourroit dire que le ciel, en se chargeant du supplice de Charles-le-Mauvais, eut l'air de pressentir que le génie des hommes, indignés contre ce tyran, étoit trop étroit pour inventer un genre de mort égal à la mesure de ses attentats. Cette mort épouvantable fut aussi imprévue que terrible. Charles-le-Mauvais cherchoit à redonner de la vigueur à ses membres énervés par la débauche, et, sur-tout, par les fatigues d'une vie errante, et toujours semée des angoisses inséparables de la multiplicité des remords. Il crut qu'en se faisant envelopper tout le corps dans un drap imbibé d'eau-de-vie, il retrouveroit cette chaleur qui fuyoit ses membres glacés par une vieillesse prématurée. Il essaya donc cet étrange remède. Il se fait coudre, si j'ose parler ainsi, dans cette espèce de bain. Ce fut un linceuil de mort, mais un linceuil dévorant, plus terrible, cent fois, que cette robe de Déjanire dont la fable nous a conservé le souvenir. Il sembla disputer, au cercueil, la gloire de consumer la dépouille du plus détestable des humains. Le camerier de Charles-le-Mauvais, achevoit de le coudre dans le funeste drap. Il cherche vainement, autour de lui, des ciseaux pour couper le fil qui lui reste. L'imprudent saisit une bougie, l'approche du fil, il le coupe : mais la vapeur de l'eau-de-vie s'enflamme, et dans un clin-d'œil le drap est embrâsé. Hélas ! l'homme est bon ! On voulut secourir Charles. Qui se souvint alors qu'il étoit un tyran ? le ciel s'en souvint. La flamme fut telle que nul ne put en approcher. Les cris, l'extrême douleur, le désespoir marquèrent les derniers momens de ce grand criminel. Il étoit roi : il étoit tout-puissant : et un misérable fil, qu'un enfant auroit pu rompre, le clouoit, pour ainsi dire, sur le théâtre de son supplice. La cruelle couture n'abandonnoit chaque membre que lorsque chaque membre calciné ne pouvoit plus servir à sauver le reste

reste du corps. La mort pénétra, s'étendit lentement par-tout, et chaque pore avala, goutte à goutte, le feu qui descendit ainsi jusqu'à la moëlle des os. Ainsi périt un roi : et les humains voudroient être gouvernés par des hommes dont le ciel trouve les crimes assez grands pour leur composer un supplice que n'inventèrent jamais les tyrans !

Ne pourroit-on pas dire au peuple, ou, pour m'exprimer d'une manière plus claire, ceux qui aiment la vérité ne devroient-ils pas se réunir pour dire au peuple, ce n'est pas, sans doute, pour soutenir les folies des *évêques*, ni la méchanceté *des rois* que vous chercheriez à renverser les modernes colonnes de la liberté ? mais peut-être c'est en faveur des *nobles* ? Voyons s'ils en valent la peine : et c'est encore Évreux qui va nous fournir l'exemple d'un des hommes fameux de cette caste. Cet homme est Robert d'Évreux, comte d'Essex. Il ne faut pas croire cependant que ce nom d'Évreux prouve que cette ville ait jamais appartenu à la famille de ce célèbre favori du tyran femelle d'un peuple libre alors, de cette Élisabeth plus renommée par sa politique, par l'assassinat de sa sœur (1) et sa constante fortune, que par ses vertus, et qu'un des premiers génies de la France, trop ébloui sans doute par les préjugés brillants dont les rois étoient entourés de son tems, n'a pas rougi de placer au rang des plus grands hommes.

Le *ciel* qui *vous forma* pour régir des états,
Vous fait servir d'exemple à *tous tant* que nous sommes;
Et l'Europe vous compte au rang des plus grands hommes.

Dans un tems où les évêques trouvoient très-bon

de se marier, tandis qu'aujourd'hui ils trouvent si mauvais que la philosophie leur dise qu'ils auroient toujours dû remplir ainsi le vœu de la nature, Richard Ier., *duc* de Normandie, érigea Évreux en comté pour un de ses fils nommé *Robert*, archevêque de Rouen, qui venoit d'épouser une fille nommée Herlève : et ce comté fut porté dans la maison de Montfort par la fille de l'archevêque. Philippe-Auguste en fit l'acquisition, et depuis il a toujours été réuni *à la couronne* jusqu'à Louis XIV qui le céda en propriété à *la maison* de Latour-d'Auvergne. Les aïeux du comte d'Essex ne furent donc pas *comtes* d'Évreux. Il descendoit d'un particulier né dans cette ville, qui marcha sous Guillaume-le-Bâtard à la conquête de l'Angleterre, et prit, suivant l'usage de son tems, le nom de son pays natal.

Élisabeth peu scrupuleuse sur le nombre de ses amans, avoit passé successivement entre les bras de Robert Dudley et du comte de Leicester, avant d'admettre à ses faveurs le jeune comte d'Essex. La plus basse des flatteries le fit remarquer de cette femme impudique. En se promenant dans son jardin elle fut obligée de franchir un passage rempli de fange. Essex détacha un manteau richement brodé qu'il portoit, et l'étendit sous les pieds de la reine. Cette galanterie d'un homme, qui joignoit à la fraîcheur de la jeunesse une figure superbe, ressuscita aux plaisirs le cœur d'une reine de cinquante-huit ans : et une ridicule prodigalité mit entre les mains d'un jeune ambitieux le sort d'un quart de l'Europe. La bienfaisance et l'humanité furent loin d'avoir les premices de sa grandeur : ce furent la guerre et la destruction qui les réclamèrent et les obtinrent. Il sollicita *lh'onneur* d'aller conquérir, à ses frais, une partie de l'Irlande, et dans cette guerre chevaleresque, scellée du sang des Anglais et des Irlandais, cet orgueilleux esclave porta toujours à son casque un gant d'Élisabeth. Il passa bientôt en France, moins pour soutenir l'intérêt de l'Angleterre que pour s'éloigner d'une maîtresse que ses rides lui rendoient insupportable, et vint mettre le siége devant Rouen. Nations lisez : et reconnoissez dans Essex quel est l'esprit de ces hommes qui vous guident aux batailles. Essex fit défier à un combat singulier Villars-Brancas qui défendoit la place. Vous croirez peut-être que c'étoit pour épargner le sang des assiégeans et des assiégés, et pour soutenir l'honneur du nom anglais par son courage ? Point du tout : c'étoit pour prouver que sa maîtresse, qu'il connoissoit vieille et l'aide, étoit plus belle que celle de Brancas qu'il n'avoit jamais vue. Il fut battu : mais ce jeune fou avoit voulu se battre pour affirmer qu'une vieille folle étoit la déesse de la beauté ; il étoit naturel que les palmes des héros lui fussent prodiguées. Elle le nomma grand-maître de l'artillerie, président de son conseil privé, et *chevalier* de l'ordre de la jarretière : assûrément il en fit mentir la devise, *honni soit qui mal y pense*. Alors il se crut souverain, et s'érigea en dispensateur de tous les maux : brigandages, dilapidations, injustices, oppressions, il se permit tout. Cependant Élisabeth éprouvoit le besoin de l'inconstance. Un amant de vingt-quatre ans a souvent les défauts d'un vieillard pour une maîtresse de soixante ans. Elle voulut l'éloigner, et la révolte d'Irlande fut le prétexte. Essex, dont l'orgueil regardoit sa faveur impérissable passa dans les voluptés et l'indolence le tems de combattre, et son armée se fondit entre ses mains débiles. L'occasion étoit belle pour rompre les chaînes d'un amour usé. Élisabeth le dépouilla de toutes ses charges, mais elle ne lui ôta pas son caractère d'intriguant : et c'est ce qui le conduisit à l'échafaud. Il se mit dans la tête de détrôner Élisabeth, et crut que Jacques, roi d'Écosse, l'aideroit dans ce projet. Vous voyez, peuple, que pendant sa fortune il n'avoit rien fait pour vous. Dans sa disgrace il se souvint que vous existiez. Il parcourut alors les rues de Londres en appellant à sa vengeance tous ceux qu'il avoit dédaignés ou opprimés pendant sa gloire. Il visita les brasseurs, les bouchers, les ouvriers de tout genre : il les caressa, les flatta, s'enivra avec eux. Il devint enfin populaire comme tant d'autres, quand il eut besoin du peuple pour ses passions. Il avoit pendant sa faveur repoussé le peuple dans sa disgrace. Et le peuple le repoussa. Il fut arrêté, condamné et exécuté. Peuple de toutes les nations, jugez ce que sont les nobles ! c'est un héros que nous venons de vous citer.

Nous écrivions ces réflexions, mon ami, en parcourant le département de l'Eure. Mais nous n'avions pas besoin de les faire, la masse des François y est généralement animée du meilleur esprit : et le trouble que quelques intriguans y ont semé pendant quelques secondes, ressemble au vol sinistre des chouettes que l'on voit silloner un moment l'azur du ciel, sans altérer la majesté d'une belle nuit. Mais nous les laissons subsister pour l'intérêt des siècles futurs : il y aura toujours des gens qui tenteront d'être rois, évêques ou nobles, à moins qu'un miracle de mœurs ne parvienne, à la longue, à rendre tous les hommes bons. La nature a décrété l'égalité des droits : l'homme, celle devant la loi : ce n'est qu'au ciel à décréter l'égalité de justice, d'équité et de vérité. C'est une prière qu'il faut adresser à l'éternel, mais que l'homme n'en charge pas des prêtres.

Ah ! ce territoire n'est pas fait pour des despotes ! ils y rencontreroient, à chaque pas, les bienfaits de la nature ; et c'est pour l'homme, pour l'homme libre seul, qu'elle s'est plue à épuiser tous ses trésors ! Tous : oui ! tous s'y trouvent, excepté le vin; elle n'a donc pas voulu qu'il fût habité par des esclaves, puisqu'elle a privé l'homme ici de ce qui trouble sa raison. Elle n'a donc pas voulu que des maîtres insolens lui ravissent sa fortune, sa femme, ses filles, ses enfans, ses bœufs, et ses agneaux puisqu'elle a fermé pour lui cette coupe, où l'esclave avili par les chaînes puise le honteux oubli de ses infortunes, de ses semblables, de lui-même, et, sur-tout, de sa force. C'est avec ses richesses qu'elle a brodé, sur le sol de ce département, le mot *amour de la patrie*. Jouis, a-t-elle dit, mais jouis en homme. Ton superflu est pour tes frères, et non pour des tyrans. Exerces tes bras à moissonner tes champs, ils en deviendront plus vigoureux pour embrasser tes semblables. O mortels ! que vous demande-t-on ? Il est bien plus facile d'aimer que d'obéir.

S'il n'y a point ici de vins, il n'y a point de pierres non plus. La nature n'a donc pas voulu qu'on y bâtît des palais : car point de palais sans despotes. Les pierres dont les grands, que les charmes de la nature attirent aussi parce qu'ils sont hommes avant d'être *cordons bleus* : celles, dis-je, dont ils ont bâti les nombreux châteaux que l'on rencontre à chaque pas, sont étonnées de s'y trouver. Des chaumières et le bonheur, voilà ce que demande un sol fertile. Les pierres de tout genre sont une famille bien désolée du règne minéral. Créées pour l'auguste emploi de servir de noyau à ce globe majestueux que la main de l'éternel balance sous la coupole de l'univers, l'homme fut les arracher à leurs fonctions ; eh ! pourquoi ? pour bâtir des cachots, des remparts et des palais. Que ne conserva-t il son innocence primitive ! les pierres seroient encore dans les entrailles du monde. Fable de tous les tems, apologue de toutes les nations, tour de Babel ! nul ne t'a compris jusqu'ici. Les hommes amonceloient les pierres pour t'élever, la vertu les escaladoit pour remonter aux cieux. Elle s'envola : ils cessèrent de s'entendre.

Alors les marbres se façonnèrent pour les portiques des rois. Alors l'albâtre se dessina pour l'effigie d'un tyran. Alors les crystaux se taillèrent pour les festins des oppresseurs du monde. Alors les conquérans, les tigres à panache burent le sang de l'univers dans des coupes d'agathe. Alors les diamans se dépouillèrent de leur croute pour orner les courtisanes et les femmes des cours. En cherchant la pierre on trouva le fer pour détruire, et l'or pour corrompre. Les carrières, les mines ouvertes, le luxe, la désolation, la guerre, l'esclavage, la mort s'échappèrent en tourbillons du centre de la terre et s'extravasèrent d'un pole à l'autre. O mortel ! il ne te faut qu'une fosse de six pieds pour te cacher au ciel, et ta foiblesse creuse les flancs du globe pour y puiser tous les fléaux. Aveugle, il ne faut à tes besoins qu'un pouce de sa superficie. Est-il fertile ? tu es heureux.

Tu dois donc l'être dans le département de l'Eure. L'homme heureux doit être aimant. S'il est aimant il doit défendre la liberté, parce que seule elle procure des frères. S'il défend la fraternité il ne peut donc pas vouloir briser l'unité de la République. Telle est, en partie, et telle sera bientôt en général la logique des habitans de l'Eure : de ce département où la terre produit en profusion des grains de tous les genres, des lins, des chanvres, des bestiaux, des laines, du suif, des bois de construction et de charpente, des chevaux, des légumes, des fruits, des poissons de toute espèce, du gibier de tout genre, des volailles délicieuses, tout enfin ce qui nourrit, embellit et prolonge la vie de l'homme. Rien, en effet, de plus riant, de plus riche que les environs d'Évreux, de Bernai, de Pontaudemer, de Louviers, des Andelis, de

Gisors, de Verneuil, etc., petites villes en général mal bâties, mais charmantes, mais délicieuses par la santé, si j'ose parler ainsi, par la vie dont elles sont animées. L'industrie ajoute encore à l'étonnante activité de ces villes. Rien de plus beau que les manufactures de draps de Louviers. Elles entretiennent, à elles seules, plus de trois mille ouvriers, et cette observation, aux yeux de l'ami de l'humanité, ajoute infiniment à la réputation des étoffes qu'elles fabriquent. Il sort de celles des Andelis des ratines et des casimirs, préférables à celles de Hollande, et à ceux d'Angleterre, et des draps fins qui rivalisent avec ceux de Sedan et d'Abbeville. C'est aussi dans ce département que l'art de la blancherie des toiles en pièces est porté à sa perfection. La nomenclature de ses différens genres d'industrie seroit trop longue à rapporter ici ; qu'il vous suffise de savoir, mon ami, que le fer même y est façonné au milieu de tant d'atteliers consacrés aux agrémens de la vie et peut-être même un peut trop au luxe : et que, plus sage ici qu'ailleurs, l'homme le forge pour le labourage beaucoup plus que pour la guerre. C'est à *Conches*, sur-tout, que l'on travaille ces instrumens aratoires.

Ce furent ces climats fortunés que l'atroce loi de l'inégalité de partage, dans les enfans d'un même père attrista si long-tems. Là, des cadets infortunés demandèrent, plus d'une fois, l'aumône à la porte d'un frère opulent et barbare, et n'en reçurent que des refus. Là, souvent, le père désolé frémit d'en-

Vernuil du côté de Paris.

Pont de l'Arche

tourer sa vieillesse d'une famille nombreuse, pour éviter de lire, à sa mort, la misère sur le front des uns, et les crimes fraternels sur celui de l'aîné. Chaque mère, en *Normandie*, étoit sûre d'enfanter un tyran et quelques esclaves; et s'il est des parties de la république plus fécondes en ennemis de la révolution que d'autres, il faut bien moins en chercher la cause dans les passions individuelles, que dans les loix qui les régissoient. De combien de larmes, de haines, de tragédies secrètes, de crimes, peut-être, cette loi n'a-t-elle pas été cause ! Je n'en citerai qu'un exemple. Deux jeunes amans, (Et la móntagne, qui s'avance en pointe en face du pont de l'Arche en a retenu le nom douloureux et sacré) deux jeunes amans, dès l'enfance unis par la nature, touchoient à leur quatrième lustre. Le cœur superbe du père d'Ismêne concentroit toute sa gloire, son espoir et son amour dans un fils aîné : et le vil orgueil de la naissance s'unissoit à la férocité de la loi, pour faire de ce fils l'objet de ses prédilections. Ismêne dédaignée, Ismêne criminelle d'avance, parce que la destinée de son sexe la réservoit à perdre un jour, par l'hymen, un nom dont le père étoit si jaloux : Ismêne, que l'indigence attendoit dans le célibat, bannie, par la vanité paternelle, des sallons superbes où l'on élevoit la mollesse de son frère, Ismêne vivoit reléguée parmi les domestiques et les *vassaux* de son père. Le ciel fut juste, il lui donna des vertus et des charmes ; et l'éducation, l'antique ennemie de la nature ne donna que des vices et de la foiblesse à son frère,

Près d'elle croissoit Justin, le fils d'un laboureur. Même âge, mêmes goûts, même candeur lièrent ces enfans ; et bientôt la paisible amitié des jours de l'innocence s'embrâsa des feux de leurs printemps. Ils cessèrent d'être amis pour être amans. O ma digne amie ! lui disoit Justin, que deviendras-tu, si tu refuses de t'unir à mon sort ? je sais travailler, ma richesse est éternelle. Tu vivras donc heureuse avec ton amant. Ta fortune, avec moi, sera plus sûre que celle de ton père, de ton frère. La foudre peut brûler ce château ; le *duc de Normandie*, dont ton père est l'esclave, peut le dépouiller demain de ses vastes campagnes. Mais moi, la terre ne me manquera pas. Elle sait que j'ai des bras pour la cultiver. — Mais mon père ! — L'est-il puisqu'il t'oublie ? — Ma naissance ! — S'en est-on souvenu pour te rendre malheureuse ? Dois-tu t'en souvenir quand il y va du bonheur ? — Que diront-ils ? la distance, l'inéga.... Elle n'acheva pas. L'amour lui défendoit. — La distance ! Quand je suis à côté de ton père, demande à l'aigle, qui plane sur notre tête, s'il lui paroît plus grand que moi ? Quand je soulage l'infortuné, demande lui si je suis plus petit que ton père. Vois-tu, d'ici, cet hermitage placé sur la pointe de cette montagne, d'où l'on voit les ondes argentées de l'Iton et de l'Eure se perdre dans la Seine ? Là, vit un homme vertueux. Qu'il reçoive nos sermens ! le ciel les inscrira. — Eh bien ! demain avant le retour de l'aurore .... Ils se séparèrent pleins d'amour et de joie. Que la nuit leur parut longue ! Le lendemain ils devoient être unis pour jamais . . . . . hélas ! oui . . . , pour jamais ! Le frère d'Ismêne les avoit entendus.

Il revenoit de la chasse. La voix de sa sœur l'avoit frappé. Caché derrière un buisson, nul mot n'étoit échappé à son oreille. Il vole à son père. Tout est révélé, tout est empoisonné. Fille indigne ! s'écrie le vieillard ; quoi c'est à cet hermitage, quoi c'est dans cette chapelle, où reposent les cendres de mes aïeux, que tu prépares et ma honte et la leur ! tu en seras punie.

Non, jamais l'enfer ne conçut une vengeance plus morne, plus funèbre. C'est le terme. Il confie son projet à son fils : ils trouvent des esclaves inhumains pour les seconder : ils s'arment de poignasds, ils partent. C'est au fond des tombeaux qu'ils vont mûrir et leur rage et leur crime.

Cependant une heure sonne. Ismêne ne dormoit pas, elle descend, elle sort : hélas ! elle disoit en s'en allant, ô mon père ! tu dors maintenant d'un sommeil paisible, et ta fille va t'affliger peut-être ! Mais ton cœur est bon, tu verras mon époux, il est vertueux : tu l'aimeras un jour, et tu pardonneras à ta fille. Elle est sortie, elle trembloit. Justin s'offre à sa vue, il en reçoit le premier baiser. Infor-fortunés amans ! ce sera le dernier. Ils arrivent à l'hermitage. Ils cherchent l'hermite, ils l'appellent : tout se tait, il n'y est plus. Eh bien ! dit Justin, qu'avons-nous besoin de lui ? Ce n'est pas aux hommes que nous jurons de nous aimer, c'est à l'être suprême. Il veut être seul avec nous puisqu'il sut éloigner l'hermite. Voilà l'autel : viens, approchons. La porte étoit entr'ouverte, le jour étoit encore éloigné : une seule lampe, prête à s'éteindre, jettoit, d'instans en instans, un jour mourant dans les ténèbres de la voûte. Tu frémis, dit Justin. Femme adorée, n'est-tu pas avec ton amant ? — O Justin ! la solitude, le silence.... Ces tombeaux..... — Eh bien ! ces tombeaux ! ceux qu'ils renferment n'ont-ils pas aimé ! Va ! si les morts peuvent sentir encore les actions des mortels, ils n'en jugent plus comme avant leur trépas. Il dit, et déja ils sont au pied de l'autel. Dieu de l'univers, dit-il, protecteur des cœurs purs ! tu vois tes enfans. Bénis nos vœux ! Oui, bénis-les, reprend Ismêne. Voici mon époux, je jure...... Tout-à-coup un épouvantable crî sort du fond des sépulcres. La voûte en retentit. Ismêne chancelle et Justin pâlit. Mânes de nos aïeux ! levez-vous, et vengez notre opprobre. C'est le signal. Un affreux craquement se fait entendre, tous les tombeaux s'entr'ouvrent, se brisent, et vomissent, non pas les morts, mais le crime, mais les assassins. Les amants veulent fuir : c'en est fait, la terreur les renverse : la lampe s'est éteinte, on se mêle, on frappe. Le père, l'indigne père, car c'étoit lui, entend les poignards se heurter dans le sein de ses enfans. Il veut les entendre encore. Frappez, redoublez, s'écrie-t-il avec une horrible joie : que ces pervers ne m'échappent pas. Mais ils ne sont plus, je le sens au calme de mon cœur. Allez, prenez leurs cadavres, et qu'on les précipite du haut de la montagne. On obéit, on les emporte tous les deux. Les bras de leurs bourreaux les balancent, prennent leur essor, lancent ces corps sanglans : ils tombent, roulent, se heurtent, et les grais rabotteux les rejettent, en bondissant, jusqu'au fond de l'abîme. Le jour étoit venu. Que je voie encore, dit le barbare père, le théâtre de ma vengeance : que je la lise écrite sur le marbre par le sang de ces perfides. Il entre. O terreur ! que voit-il ? Justin, mortellement blessé, mais respirant encore, mais se traînant près des colonnes de l'autel. O Dieu ! qui donc a péri sous mes coups ? Courez, volez. — O père déplorable, ton bras s'est égaré : c'est ton fils, qu'avec sa sœur, on a précipité. Le désespoir, la rage, la douleur le saisissent. Ses nerfs se contractent, ses veines se brisent, son cœur se noye dans son sang. Il tombe, il expire, et le pied incertain et chancellant de Justin que la mort poursuit atteint et glace, vient fouler le crâne de ce mortel superbe. Peuple de l'Eure ! sont-ce là les hommes et les loix que vous regretteriez ?

Eh ! qu'étiez-vous dans ces siècles de barbarie fameux par mille catastrophes plus tragiques encore ? Si la férocité de vos maîtres vous laissoit un moment de repos, la crapuleuse ignorance de vos prêtres ne vous dégradoit-elle point par le spectacle de ses indécentes orgies ? Remontez les siècles avec moi, et rappellez-vous l'Obit de la bouteille que l'on célébroit dans la cathédrale d'Évreux. Un Chanoine, nommé Bouteille, voulut, par une ridicule et platte allusion au nom qu'il portoit, fonder une cérémonie religieuse pour perpétuer son sou-

venir dans la postérité, et léga au chapitre d'É-
vreux une somme pour les frais de cette inepte et
sacrilége cérémonie. Tous les ans, suivant l'intention du fondateur, l'on étendoit, sur le pavé, au
milieu du chœur, un drap mortuaire dont les quatre
coins étoient flanqués de bouteilles pleines de vin.
Le chapitre, en chappes de deuil, accompagné
d'une musique en faux bourdon, récitoit l'office
des morts : la messe se disoit : les encensemens, les
aspersions d'usage se faisoient : les *libera* se chan-
toient, et, quand tout étoit fini, le bas - chœur
se ruoit sur les bouteilles, les vidoit, et elles
étoient remplacées jusqu'à ce que les officians eussent besoin qu'à leur tour on fut les enterrer dans
leur lit. Mais cette débauche religieuse étoit décente encore en comparaison de la procession noire
que tous les ans, au premier de mai, l'on faisoit
dans la même cathédrale d'Évreux. Long-tems les
chanoines furent, en precession dans une forêt voisine d'Évreux, qui appartenoit à l'évêque, chercher,
le premier de mai, des rameaux verds pour orner
les chapelles et les niches des saints de pierre de
leur cathédrale. A la longue, ils trouvèrent cette
cérémonie ignoble pour eux, et s'en déchargèrent
sur les prêtres et les chantres du cœur. Ceux-ci
sortoient donc de l'église, deux à deux, précédés
des bédeaux, des bannières et de la croix, en
bonnet carré et en soutane noire : et c'est de-là que
la procession a pris le nom qu'on lui donnoit.
Armés d'une serpe, ils marchoient ainsi jusqu'à la
forêt où leur main dépouilloit la nature pour orner

l'asile de la crédulité. L'évêque, dont on abîmoit les arbres, n'eut pas le bon esprit de défendre une fête imbécille, mais ordonna que par la suite des bucherons experts couperoient les rameaux et les distribueroient aux prêtres. C'étoit pendant cette distribution que l'on buvoit à tasse pleine, et qu'on aiguisoit la soif par des espèces de galettes que l'on appelloit *casse-museaux*, parce que l'usage vouloit qu'on les jettât à la tête des prêtres *déjeûneurs*. Chacun muni de vin, de casse-museaux, et de ramée, la procession reprenoit le chemin de la ville : et c'est alors que les extravagances commençoient. On avoit emporté avec soi des habillemens de tous les genres. Les aumuses se troquoient contre un habit d'arlequin : les surplis se quittoient pour de jupons de femmes : c'étoit un troupeau de masques bisarres inspirés par le vin, psalmodiant les louanges du seigneur, dont les hoquets des chantres virguloient les versets. Un peuple immense bordoit les rues. Aux yeux des uns les masques jettoient des poignées de son. On faisoit danser les autres. On donnoit des chiquenaudes à ceux-là. On forçoit ceux-ci à sauter par-dessus le manche d'un balai.

Enfin la procession arrivoit à la cathédrale où l'attendoient les chanoines gravement assis dans leurs stales. Alors les enfans-de-chœur les en chassoient, s'emparoient de leurs formes, continuoient l'office, et les chanoines se rendoient dans la nef où ils jouoient aux quilles, ou bien sur la voûte de l'église, où ils exécutoient, en présence du peuple, des danses, des concerts, des représentations scéniques, et le reste du jour se consumoit en festins et souvent en scènes plus licentieuses encore.

Cet usage, dont nous garantissons l'authenticité, et qui dura plusieurs siècles, la cathédrale d'Évreux le tiroit de l'Italie, où long-tems la jeunesse des villes se repandit dans les campagnes, le premier mai, pour cueillir la première verdure, et célébra ce jour par des festins. Peut-être les rameaux du dimanche avant Pâques sont-ils une trace de cette ridicule cérémonie ; mais, au moins, elle est certainement l'origine de ces mais que la flatterie planta long-tems à la porte des seigneurs et qu'elle décora de leurs blasons et de leurs couleurs : mais, que nous avons tous vu la basoche de Paris aller couper dans la forêt de Vincennes, par un droit qu'elle disoit tenir de Henri II, et venir planter solemnellement dans la cour du palais. Le jeu puéril de *je vous prend sans verd*, étoit encore tiré de ces bisarres coutumes qui se sont évanouies devant l'arbre auguste de la liberté, planté par les mains de la philosophie.

Cependant, dans ces tems d'ignorance, l'esprit perçoit quelquefois, et n'ayant de ressource que l'épigrame pour faire poindre la vérité, en usoit avec assez de liberté. En 1110, Louis-le-Gros de France, et Henri Ier. d'Angleterre, ennemis et rivaux, trouvèrent l'occasion de faire éclater leur haine personnelle. Un traître nommé *Pagan* ou *Payen* livra Gisors au roi anglais. Les armées marchèrent de part et d'autre, et se rencontrèrent sur les bords de l'Epte. Louis-le-Gros, demanda la démolition du château, ou le combat corps à corps. Les deux armées applaudirent au défi. Henri le refusa, livra bataille, et fut vaincu. Mais pendant que l'on proposoit le duël entre les deux rois, quelques plaisans, ayant apperçu un mauvais pont sur la rivière, se mirent à crier qu'il falloit que les deux rois se battissent sur le pont qui *tremble*.

Mais c'étoit une foible ressource que des épigrammes pour corriger de semblables gens. En 1173, Louis-le Jeune, dont nous avons souvent parlé, toujours scélérat dans ses guerres, la déclara à Henri II d'Angleterre, pour soutenir le jeune prince Henri, fils de ce monarque, dans sa révolte contre son père, et vint mettre le siége devant Verneuil. Cette ville, existante encore aujourd'hui dans ce département, étoit très-forte alors. Elle avoit, outre son château, trois quartiers fortement entourés de murailles épaisses et de fossés pleins d'eau. Celui que l'on appelloit *le Grandbourg*, après un mois de la plus vigoureuse résistance, manquant de vivres, proposa de capituler et promit de se rendre dans trois jours, si l'on négligeoit de le sécourir. Louis-le-Jeune accepta la capitulation, reçut des ôtages, et Verneuil ouvrit ses portes. Mais Louis trompa indignement sa bonne-foi. Loin de lui rendre ses ôtages, il fit mettre aux fers les principaux citoyens, et livra cette malheureuse ville aux flammes et au pillage. Pour la justification de la providence, ce roi ne jouit pas long-tems de son coupable triomphe. Henri II survint, le battit, et le força d'abandonner sa conquête (2).

En 1424, au commencement du règne de Charles VII, une bataille, plus sanglante encore, rougit les plaines de Verneuil. Les Anglais y battirent les Français, qui perdirent cinq mille hommes, et les Anglais seize cents.

Le tems des duëls étoit alors passé pour les rois, mais non pour les grands : et l'on trouve dans une famille de ce département, *Beuvron*, un exemple rare d'acharnement pour ce genre de combat qu'inspiroit le faux point d'honneur. *Boutteville*, que ce point d'honneur conduisit à l'échafaud, l'un des plus grands tueurs de son siècle, et père du maréchal de Luxembourg, avoit tué *Thorigni*, ami de *Beuvron*. Son ordinaire second étoit *Deschapelles*, autrement *Rosmadec*, son cousin, tueur non moins fameux. Tous deux se sauvèrent en Flandres où Beuvron courut les chercher pour venger la mort de son ami. Son dessein fut découvert. Spinola, par ordre de l'archiduchesse, se chargea de les réconcilier. Ils dînèrent ensemble, s'embrassèrent et partirent, Bouteville pour Nancy parce qu'il n'osoit reparaître à la cour, et Beuvron pour Paris.

Beuvron, qui n'étoit pas satisfait, écrivoit lettres sur lettres à Bouteville pour le provoquer de nouveau. Celui-ci furieux, malgré ses dangers, partit pour Paris. Beuvron prévenu, ils se rencontrèrent sur la place *Royale* ; il dit à Bouteville, pour ne pas vous exposer ni nos amis, battons-nous de nuit et seul à seul. Non pas, répondit Bouteville, je veux qu'ils soient de la partie, aussi bien que le soleil. Allez donc chercher vos seconds, et demain, à trois heures après midi, nous serons ici.

Beuvron courut chez le *président* de *Mêmes* chercher son gendre *Bussy-d'Amboise* qu'il trouva fort mal. L'occasion est *belle*, lui dit-il, je venois vous chercher, mais vous êtes trop foible. Il n'y faut plus penser. N'y plus penser! répond d'Amboise, j'aurois la mort aux dents que je voudrois en être.

A l'heure indiquée le combat eut lieu sur la place du Marais. Bouteville contre Beuvron, Deschapelles contre Bussy-d'Amboise, et la Berthe contre Buquet, leurs deux écuyers. Après un combat d'une heure sans avoir pu se blesser, Bouteville demanda quartier, et le combat cessa. Ils s'étoient battus à l'épée, et plus *noblement* encore au poignard. Tous les combattans s'échappèrent, excepté Bouteville et Deschapelles, qu'on arrêta à Vitri-le-Bruslé, et que Louis XIII fit conduire à la Bastille. Le parlement leur fit leur procès. Envain madame de Bouteville, le *prince* et la *princesse* de Condé, le *duc* et la *duchesse* de Montmorency, le *duc* et la *duchesse d'Angoulême*, le *cardinal* de la Valette et le *comte* d'Alais se jettèrent ils aux pieds de Louis XIII ; il fut inflexible, et les deux nobles spadassins périrent en 1627. Et tel étoit l'intérêt que le préjugé répandoit alors sur ces sortes de matamores, que de toutes les actions de Louis XIII ce fut celle qui le rendit le plus odieux. Elle lui valut le couplet suivant :

> Peu fait pour tout autre renom,
> S'il ne faut pour celui de juste
> Qu'être aussi dur et froid qu'un buste,
> *Louis* a mérité ce nom.

En effet, on chercheroit vainement par où cet homme mérita le surnom de Juste. Il n'étoit que dissimulé, que foible et qu'indécis. On a dit de lui avec bien du bon sens : il ne dit pas tout ce qu'il pense, il ne fait pas tout ce qu'il veut, il ne veut pas tout ce qu'il peut.

Nous n'avons pu parcourir ce département sans que nos yeux ayent été souillés par les traces de l'antique luxe des évêques : et l'aspect de Gaillon, l'ancien château de plaisance des ci-devant archevêques de Rouen, nous a fait bénir la révolution. Il étoit impossible de changer le cœur de ces hommes, puisque l'école de l'infortune n'étoit pas capable de corriger leur orgueil. Quel homme eût naturellement dû se montrer le plus ardent défenseur du pauvre et du peuple, que le cardinal la Rochefoucault, dernier archevêque de Rouen ? Et ce fut cependant celui dont les efforts se multiplièrent le plus pour retarder sa liberté et sa félicité. Eh ! sans le peuple, et sans le pauvre, qui daignèrent accueillir dans leur chaumière sa débile et misérable enfance, un hôpital, un établissement de charité public eussent été son berceau. Des sabots, les livrées de l'indigence, le pain noir des hameaux, voilà ce qu'il eut dans son printemps; mais il les tenoit des mains de la vertu, et devoit s'en souvenir. Un la Rochefoucault passe par hasard dans un village. Tandis qu'on relayoit sa voiture, des enfans, nud-pieds, jouoient aux environs. Il entend l'un d'eux crier à son camarade, *à toi la Rochefoucault.* Ce nom éveille son attention : l'orgueil allarmé s'inquiète de le trouver dans des bouches agrestes. Il appelle cet enfant, il s'informe, il cherche il découvre enfin que ce petit infortuné est son neveu. Infortuné ! ah , oui ; c'est bien alors qu'il alloit commencer à l'être. Les grandeurs venoient le chercher. Il s'en empare, il l'enlève aux mains bienfaisantes et pures qui l'avoient nourri. Il devint cardinal, il devint inhumain. Des fers et le mépris, tel fut le salaire dont il voulut payer cette classe honnête et laborieuse dont il avoit reçu les premières caresses.

Aux pieds de ce Gaillon, des solitaires étaloient un orgueil d'un autre genre, celui de l'opulente fainéantise. C'étoient des chartreux. Là, mollement couchés sur les rives de la Seine, ils voyoient passer sur ce fleuve tous les tributs de l'industrie des hommes, et suoient saintement de la fatigue de les dévorer. Mais rien de plus magique que le site de Vaudreuil que l'on rencontre à quelque distance de Gaillon. Les bocages de Tempé, ces aimables fugitifs de l'imagination des poëtes n'offrent point d'idées plus romantiques. Au milieu d'une île formée par les urnes confondues de l'Iton et de l'Eure, s'élève, avec grace, une forêt dont l'art a planté les racines. L'œil s'égare et se perd dans ses routes nombreuses. Chaque allée est un temple de la nature, et chaque arbre son autel. Ailleurs les ondes sont moins limpides ; ailleurs la fraîcheur n'a point cet aimable sourire ; ailleurs le printemps n'est qu'une saison : ici il est l'éternité. On arrive, une immense prairie, nivelée par le zéphire, déroule an loin son tapis émaillé sous les pas des troupeaux qui joûtent sur son sein. L'albâtre des agneaux d'accord avec les fleurs y jaspe la verdure. Et là, près des Nimphes qui veillent sur Io, le ravisseur d'Europe bondit en liberté. On avance, et c'est le cristal liquide qui trahit le poisson fugitif qui vous arrête sur ses bords, et vous sépare des jardins fortunés où vous croyez toucher. On craint et l'on brûle de franchir ce canal. N'est-ce point Armide qui vous attend sur l'autre rive ? Mais aussi n'est-ce point le séjour de la félicité ? Des chants se font entendre : on détourne la tête, c'est le laboureur qui retourne à sa cabane lointaine. Ah ! courons sur ses traces. C'est là qu'est le bonheur. Il n'est point ici. Des grands y vécurent, nous n'y trouverions que Circé.

Ainsi pensoit comme nous Benserade, ce poëte que non loin de là, Lions, petite ville de ce département, a vu naître ; mais, non comme nous, il n'eut le bon esprit de fuir ces grands qu'il connoissoit si bien. Pour censurer les grands on ne cesse pas d'être flatteur, quand on reçoit leurs bienfaits. Cet homme, plus fameux que digne de l'être, obtint plus de douze mille francs de pension des cardinaux de Richelieu et Mazarin. Ces prêtres se piquoient de faire des vers. On devine pourquoi Benserade fut si riche. Ces pensions étoient affectées sur leurs bénéfices. Singulier emploi *de la vigne du Seigneur !*

Nous quittons, à regret, mon ami, ce département où tous les charmes de la vie semblent se groupper : lieux charmans, trop voluptueux pour

un philosophe s'il n'a pas le bon esprit de n'y conduire que ses yeux. La gaîté, cette inséparable compagne de la liberté ne nous a pas été toujours fidelle en le parcourant. Il est plus d'une ville où elle nous a dit, je n'entre pas là : l'erreur y domine. Mais à Vernon, à Passy, a Bernai, et dans vingt autres communes peut-être, nous la retrouvions assise au pied de l'arbre auguste des hommes régénérés ; nous lisions, sur son front, la félicité publique. Elle gravoit, sur le seuil des maisons, le mot, Unité ; et nous lisions, dans l'avenir, la gloire et la paix de la République.

NOTES.

(1) Elisabeth fit mourir Marie Stuart. Ce fut un des grands crimes politiques qu'elle commit pendant sa vie. Les rois trouvent tout sacré dans leurs semblables. Rome, l'Espagne, l'Ecosse, la ligue et les jésuites protégoient Marie Stuart : elle monte sur l'échafaud par ordre d'Elisabeth, et périt pour des crimes supposés. Personne ne s'arma, ni pour la défendre, ni pour venger sa mort. On n'appela pas même crime un si grand attentat. Je dis grand, non parce qu'elle étoit reine, mais parce qu'elle étoit innocente. Qu'un peuple renverse un tyran, les rois crieront à l'impiété.

(2) On peut rappeler ici un sonnet de Saint-Evremond, peu connu, mais qui sert à prouver comme dans tous les tems les homme ont pensé sur le compte des

rois, quand l'humeur, qui dans beaucoup de gens fait par fois les fonctions de la philosophie, les rappelle aux principes de la vérité. Ce sonnet de Saint-Evremond, composé contre Louis XIV, paroît être une paraphrase du livre de Samuël.

Ce peuple qu'autrefois Dieu gouvernoit lui-même,
Lassé de son bonheur voulut avoir un roi :
Eh bien ! dit le Seigneur, peuple ingrat et sans foi,
Tu sentiras bientôt le joug du Diadême.

Celui que je mettrai dans ce degré suprême,
Comme un cruel vautour viendra fondre sur toi ;
Ses seules volontés te serviront de loi,
Sans pouvoir assouvir son avarice extrême.

Toujours il cherchera mille et mille moyens,
De te ravir l'honneur, la liberté, les biens :
En vain tu te plaindras du poids de sa puissance.

Ce peuple en vit l'effet, il en fut consterné.
Ainsi règne aujourd'hui, par les vœux de la France,
Ce monarque absolu, qu'on nomme *Dieu-Donné*

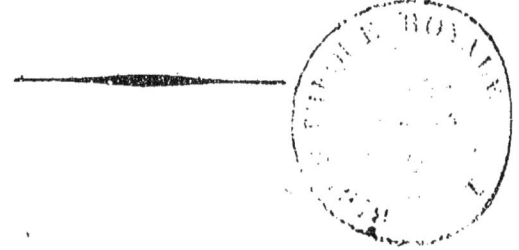

VOYAGE

DANS LES DÉPARTEMENS

DE LA FRANCE,

Enrichi de Tableaux Géographiques
et d'Estampes ;

Par les Citoyens J. la VALLÉE, ancien capitaine au 46ᵉ. régiment, pour la partie du Texte ; Louis Brion, pour la partie du Dessin ; et Louis Brion, père, auteur de la Carte raisonnée de la France, pour la partie Géographique.

L'aspect d'un peuple libre est fait pour l'univers.
J. la Vallée. *Centenaire de la Liberté*. Acte Iᵉʳ.

A PARIS,

Chez Brion, dessinateur, rue de Vaugirard, N°. 98, près le Théâtre-François.
Chez Buisson, libraire, rue Hautefeuille, N°. 20.
Chez Desenne, libraire, galeries du Palais de l'Egalité, Nᵒˢ. 1 et 2.
Chez l'Esclapart, libraire, rue du Roule, n°. 11.
Chez les Directeurs de l'Imprimerie du Cercle Social, rue du Théâtre-François, N°. 4.

1793.

L'AN SECOND DE LA RÉPUBLIQUE FRANÇAISE.

Nota. Depuis l'origine de l'ouvrage, les auteurs et artistes nommés au frontispice l'ont toujours dirigé et exécuté.

Ouvrages du Citoyen JOSEPH LA VALLÉE.

Le Nègre comme il y a peu de Blancs.	3 vol.
Cecile, fille d'Achmet III.	2 vol.
Tableau philosophique du règne de Louis XIV.	1 vol.
Vérité rendue aux Lettres.	1 vol.
Serment civique, comédie en 1 acte.	1 br.
La Gageure du Pélerin, en deux actes.	
Départ des Volontaires Villageois, comédie en 1 acte.	
Voyage dans les Départemens.	*Vid.* 30 n^{os}.

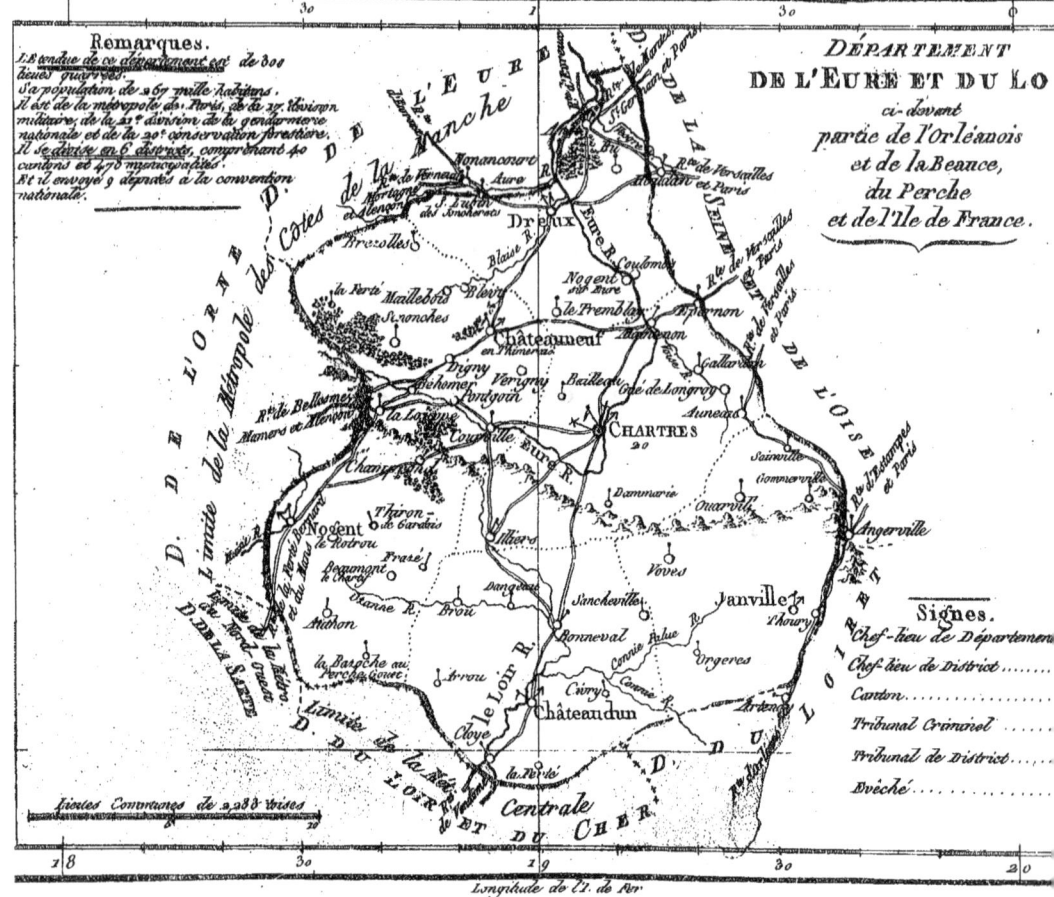

VOYAGE
DANS LES DÉPARTEMENS
DE LA FRANCE.

DÉPARTEMENT DE L'EURE ET LOIR.

Deux vers d'un poëte inconnu, vers que peu de personnes connoissent même aujourd'hui, peignent rapidement toutes les privations que la nature a fait et fait encore éprouver au département dont nous allons vous entretenir.

> Belsia triste solum, cui desunt bis tria solum
> Fontes, prata, nemus, lapides, arbusta, racemus.

En effet, on n'y rencontre ni forêts, ni fleuves, ni montagnes, ni vignes, ni prés. C'est l'empire de la blonde Cérés dont la faucille jalouse a banni le Faunes, les Dryades et l'amant d'Ariane loin des faveurs qu'elle prodigue ici à sa mère. Cependant on lui pardonne la monotonie de sa richesse, et si l'œil cherche vainement dans le cercle immense de l'horison la fraîcheur du paysage pour charmer l'ennui dont il est harassé, l'ame frappée de l'innombrable foule d'épis dont la plaine est couverte, remercie les dieux d'avoir tout consacré sur cette terre aux besoins du malheureux : et ce luxe du pauvre lui fait insensiblement oublier l'absence du luxe de la nature.

Ce pays connu jadis sous le nom de Beausse, ne produit en effet aucun arbre ; il est rare que ceux que l'on essaie d'y planter viennent à bien. Le peu d'épaisseur de la croute superficielle de la terre est l'unique cause de cette stérilité. A peine y creuse-t-on que l'on rencontre le tuf, espèce de pierre ou de matière argilleuse que les racines ne peuvent percer et dont elles ne tireroient aucune substance. L'élévation naturelle de ce pays y rend également les eaux infiniment rares. L'on n'y rencontre que peu de fontaines : et les puits que l'homme s'est vu contraint d'y percer, pour se procurer de quoi se désaltérer, y sont par conséquent d'une profondeur extrême. Les bestiaux y périroient de soif, si les habitans n'avoient l'attention d'y recueillir et d'y conserver les eaux de pluie dans des espèces de réservoirs qu'ils creusent dans des bas fonds, et qu'ils revettent de terre glaise pour les empêcher de filtrer dans la terre. Ils les appellent ainsi que dans la ci-devant Normandie du nom générique de mares. On se sert de ces eaux dans toutes les choses nécessaires à la vie, excepté pour la boisson : et peut-être doit-on à la salubrité naturelle du pays l'absence des maladies que l'usage continuel de ces eaux, dans tous les alimens, devroit nécessairement entraîner après lui.

En examinant avec attention ce département, nous avons reconnu que Ducouédic lui accordoit trop légèrement dans son ouvrage des productions qu'il n'a pas. Il ne produit point de vins comme il l'avance, et en général il n'y a que très-peu de fruits ; mais cet auteur dit, avec raison, qu'il est fertile en grains de toute espèce : et peu de départemens à la vérité fournissent autant de froment que celui-ci. On y cultive le chanvre avec succès, et la préparation que cette plante exige, après qu'on l'a recueillie pour en extraire les filaments intérieurs, ajoute encore à l'insalubrité de l'eau, et répand dans l'air, à certaines époques de l'année, une odeur vraiment méphitique. La multitude des troupeaux que l'on y nourrit rend son commerce en laines très-important, et cette ressource de richesses que l'homme s'est créée par son intelligence, se divise en exportation de ces mêmes laines, du fer que l'on tire de ses mines et que l'on coule dans ses forges, et de quelques étoffes de mince qualité que l'on trafique dans le pays telles que doublures, tricots, étamines, pinchinats et serges drapées. L'on y fabrique également une grande quantité de bas à l'aiguille.

Il est étonnant toutes fois que l'industrie de commerce soit demeurée ici dans un tel état de foiblesse, car peu de peuples ont plus de dispositions commerçantes. Il faut en accuser la difficulté des débouchés, et par-tout où l'exportation ne peut se faire que par charroi, la lenteur et la cherté de ce genre de communication retardent et engourdissent les progrès commerciaux. On regrette d'y voir des entraves semblables et si difficiles à vaincre, car ici il seroit impossible de creuser des canaux, et par là les talens naturels de ses habitans enfouis ; et ce sentiment que l'on accorde d'abord à l'intérêt que l'humanité réclame s'accroît encore ici par la bienveillance que l'on ne peut refuser à leur amabilité. Généralement les hommes sont aimans, bons, familliers, hospitaliers et bienfaisans. Jadis on leur faisoit honneur d'un grand attachement à la religion catholique ; mais sans ravaler le mérite que cela pourroit leur donner encore aux yeux de certaines gens, la philosophie leur tient plus de compte de leur générosité, de leur humanité, de leur penchant à s'attendrir sur le sort des infortunés: et nous trouvons plus doux de nous occuper des vertus qu'ils possèdent, que de calculer métaphysiquement les récompenses *éternelles* qu'elles pourront mériter.

Chartres est le chef-lieu de ce département. Cette ville, que la hauteur de ses clochers fait appercevoir à une grande distance, est sur les bords de l'Eure, et s'appelloit autrefois *Autricum Carnutum.* *Cette ville, dit un auteur du quinzième siécle, est très-bien mise en une planure, et en partie sur un costeau d'une colline, remplie de tous costés de biaux édifices, ceincte de fermes murailles, et environnée de très-bons remparts et profonds fossés, et est grandement puissante à raison du nombre de ses habitans très-riches et opulens.*

Cet éloge que Jean Blaer fait de Chartres, souffriroit aujourd'hui une juste critique. Cette ville n'est rien moins que somptueuse en édifices et en remparts. On ne peut plus la mettre au rang des villes puissantes, ni par sa grandeur, ni par sa richesse. Sa population n'est pas considérable, et c'est, à ce

Chartres.

Environs de Chartres.

qu'il nous a paru, une de ces villes que nous disons du troisième ordre. Les grains et les laines composent son unique commerce. Il nous a semblé que ce sont dans les villages que se fabriquent les serges communes que l'on tire de Chartres; les négocians de cette ville les achètent, et les revendent aux marchands des autres pays : ainsi le peuple paie le bénéfice de trois classes d'hommes avant qu'une étoffe grossière, faite pour son usage, arrive jusqu'à lui. Les maisons de Chartres sont en général mal bâties : ses rues sont étroites et obscures comme dans toutes les villes anciennes. La rivière d'Eure la divise en deux parties inégales : elle termine une plaine immense : et domine ou, pour mieux dire, s'étend sur une vallée dont la descente est très-rapide.

L'antiquité de Chartres a prêté aux amateurs des fables un vaste champ pour lui supposer une origine singulière. On a supposé que peu après Noé, les *Gomerites* furent envoyés dans les Gaules pour les peupler et qu'on leur doit la fondation de cette ville. Des antiquaires plus raisonnables prétendent qu'elle a dû le jour aux Druides et aux Saronides, et cette opinion est la plus généralement adoptée, il est certain que les peuples de ces contrées furent long-tems jaloux de leur liberté, qu'ils la défendirent avec énergie contre les Romains, et qu'accablés à la fin par le poids de ce peuple triomphateur, ils subirent le sort de l'univers, et devinrent au nombre des provinces romaines. Ce fait contredit quelques historiens qui donnent des rois à Chartres sous les anciens Gaulois : les pro-consuls romains,

A 4

jaloux de leur pouvoir, ne l'eussent pas permis ; et ce ne fut que lorsque la décadence de l'empire eût chassé insensiblement les Romains des Gaules sous la Dynastie des Carlovingiens que Chartres commença à avoir des *comtes* de son nom, parmi lesquels on prétend trouver un aïeul de Hugues Capet. Ces *comtes* se soutinrent jusqu'à François Ier. qui leur donna le titre de *ducs* en faveur d'une Renée de France, duchesse de Ferrare.

Cette obscurité que l'on retrouve presque par-tout sur l'origine de quelques races d'hommes qui se prétendent au-dessus de leurs semblables, démontre toute la vanité de cette espèce de distinction, et l'homme, né de tout tems pour l'égalité, n'y reconnoît que le droit de la force qui, presque toujours établi par le crime, a cherché, en reculant ou en voilant le point d'où il est parti, à effacer le honteux souvenir de son principe. Mais, hélas ! il n'en est pas de même des superstitions. Rien ne se perd de leur histoire : on connoît les lieux qu'elles ont habitées, les peuples qu'elles ont tourmenté, les époques où elles se sont développées avec le plus de fureur: et si l'on n'est pas certain quel brigand fut le premier *comte* de Chartres, on sait, à n'en pas douter que les infâmes Druides ont souillé la terre que nous parcourons aujourd'hui : et le philosophe craint d'y rencontrer les taches de sang-humain que leurs exécrables sacrifices ont épanché sur cette terre.

La raison se tait, le cœur se serre, l'imagination se paralyse, l'ame enfin devient une matière sans mouvement, quand on songe que l'homme descendit à ce degré d'abrûtissement jusqu'à croire honorer le ciel en égorgeant son semblable : et ces atrocités, aujourd'hui loin de nos mœurs, frappent encore d'une telle épouvante, qu'on est tenté de les croire un de ces enfans noirs et terribles conçus par le délire du mensonge : et cependant, en y réfléchissant, elles cessent d'étonner parce qu'elles découlent facilement des calculs et de la marche de l'esprit humain. Le besoin des dieux naquit avec le dégoût des jouissances de la nature : et tout homme devint prêtre dès que ces vices lui présentèrent la nécessité des divinités. Doit-on présumer que des êtres dégradés se forgent des divinités parfaites ? non, sans doute. L'homme se créa des dieux à son image, et dès-lors il leur supposa ses passions et ses apétits. De-là, les premiers sacrifices se composèrent de fruits, de fleurs, de grains, de liqueurs, de chairs d'animaux. Le hasard couronna quelques vœux présentés avec ces dons premiers, l'enthousiasme s'en mêla, l'effervessence s'empara de toutes les têtes, on crut plus obtenir en offrant davantage, et la vie des hommes parut l'extrême tribut à payer pour obtenir l'extrême bonheur. Plus les vertus se perdirent, plus les dieux devinrent puissans. La majesté des religions s'engraissa de la dépravation de l'homme, la putridité de la morale cîmenta les temples, et les crimes s'amoncelèrent en montagnes pour faciliter aux humains l'escalade des cieux.

Alors cet emploi d'honorer les dieux se présenta dans la possibilité des métiers ; quelques hommes s'emparèrent de la multitude pour accaparer cette profession. Il ne fut plus permis aux peuples que d'adorer, parce que les pontifes avoient usurpé le privilége d'égorger : et si les fondateurs du christianisme s'ouvrirent une nouvelle carrière sacerdotale, ils retinrent encore la trace de ces sacrifices de sang-humain en supposant que leur dieu s'étoit fait homme pour s'immoler lui-même. Il n'est point de peuples depuis l'antiquité la plus reculée, échappés à ce barbare usage que des monstres intéressés osoient nommer sacré. Par-tout vous voyez les dépouilles des victimes devenir le partage des prêtres, et s'ils n'ont immolé que des hommes, c'est que les dieux ne furent jamais visibles. L'Egypte, la Grèce, la Phénicie, la Scithie, les temples même de Rome ont fûmé du sang des hommes (1), et c'est à travers les sciences, les arts, la philosophie, et l'énergique liberté même que le rit de ces sacrifices impies est descendu jusqu'aux Druides.

C'est dans ce département que leur collége aussi immense qu'éxecrable s'étoit intronisé. Seroit-il vrai que les Gaulois, naturellement plus sensibles, eussent été plus effrayés que les autres peuples de cet hommage sanguinaire fait à des dieux chimériques ? Combien il seroit doux de descendre d'un tel peuple. Au moins essaya-t-il de retrécir le calice où l'infernal Druide buvoit le sang des hommes. Il fut ordonné qu'on ne livreroit pour les sacrifices que les malfaiteurs, les criminels, les assassins. Mais manque-t-il de ressources à la cruelle superstition pour convaincre la crédulité de la nécessité d'enfreindre la loi. Des dangers fabuleux, des augures imposteurs, des oracles énigmatiques exigeoient un sang pur: ce n'étoit qu'à ce prix qu'on pouvoit désarmer les dieux courroucés : la victime étoit livrée, et l'indigne prêtre encore humide du sang qu'il avoit versé, alloit le même soir se repaître des biens de celui que sa main venoit d'assassiner. C'étoit communément dans le fonds des forêts que se passoient ces tragédies sacriléges. Les meurtriers sembloient vouloir se dérober à la clarté des cieux. Hélas! chez tous les peuples, on sacrifie aux dieux comme on commet un crime. L'homme se cache au ciel pour honorer les cieux.

Ils sont détruits ces féroces Druides ; mais qu'on ne dise pas que cet usage aussi antique que barbare, d'immoler des hommes sur les autels des dieux, soit allé se cacher dans le fond de l'Asie ; et qu'il ne flétrit plus que les rives du Gange et le ciel orageux du Japon. Qu'importe que l'homme soit massacré au pied de l'autel pour honorer le Dieu du prêtre ? ou qu'il soit égorgé, brûlé, déchiré dans les places publiques pour venger la religion du prêtre ? Ne sont-ce pas toujours des victimes humaines dévouées à la mort pour l'intérêt du culte ? Et s'il en est ainsi, quelle religion a plus versé de sang que la religion catholique ? Quelle différence à faire entre l'escalier sanglant de Guatimala et les places de Lisbonne, de Goa, de Madrid, et de Paris même ? En rassemblant toutes les religions antiques, on compteroit les victimes humaines sacrifiées au préjugé de calmer les dieux. Eh! qui pourroit nombrer celles que le christianisme s'est immolé? Du-moins les prêtres des idoles ne sacrifioient les hommes qu'à leurs dieux, et dans le christianisme des millions de prêtres sont autant de dieux à qui le fanatisme a sacrifié des hommes par milliards. Et pourquoi? entrons dans la cathédrale de Chartres, nous trouverons un de ces sujets de proscription catholique.

Un prêtre au front tartuffe, à la marche oblique, à l'œil divagant, se présente : et dans la fausse contrition d'un silence de commande va vous ouvrir le trésor de l'église de Chartres. Quel est ce haillon qu'il tire lentement de cette armoire gothique, où siége la fausse vénération sous un dais de toiles d'araignées, obombrées par les couches de poussière, dont la main de la vetusté a recrépi le fragile tissu ? Prosternez-vous, dit l'imposteur, voici la chemise de la vierge Marie. Osez alors rappeller à votre mémoire que sous la vierge marie l'usage des chemises n'étoit pas connu ; osez réfléchir que dix-huit cens ans n'auroient pas respecté un chiffon de toile, et que la main du tems dont le frottement use les temples, les villes, et les Empires auroit depuis mille ans réduit en poudre quelques brins de fils assemblés par la navette : et tentez après de laisser au sourire le droit de se jouer sur vos lèvres. Vous verrez soudain ce prêtre n'aguères si modeste, l'œil en feu, la bouche écumante, les nerfs palpitans s'écrier à l'impiété ! Misérables incrédules, dira-t-il, quoi, vous avez l'audace de douter ? Savez-vous que cette sainte chemise a fait les destinées de Chartres, a semé la terreur dans les rangs des normands dont les armes sacriléges assiégoient cette ville, l'a garantie de la peste, de la famine, l'a préservée du feu du ciel ? Le *saint* homme, dans sa fureur, vous dira tout ce qu'elle n'a pas fait, et vous taira ce qu'elle a rapporté : c'est-à-dire, toutes les pièces d'or ou d'argent que depuis mille ans les imbécilles ont donné a la porte de l'église pour voir cette chemise. Reportons-nous quelques siècles en arrière et songeons au sort qu'eût éprouvé le téméraire que l'aspect de la chemise de la vierge eût fait sourire. Tels sont cependant les graves sujets qui tant de fois allumèrent les bûchers pour l'homme raisonnable. En voyageant dans ce département nous cherchions les tombeaux des Druides ! Comment les découvrir sous les monceaux d'ossemens dont les poignards catholiques ont enveloppé la terre ? et nous ne bénirions pas la liberté vengeresse ! A quoi nous serviroit donc que dieu eût permis aux prêtres d'écrire leurs fureurs sur la surface du globe, si nous ne lisions pas entre chaque ligne ces mots sacrés que son doigt y traça. Homme ! passe toi de prêtre.

L'église de Chartres a l'orgueil de se dire la plus ancienne des Gaules, et le mensonge qui, semblable aux vieillards, radote toujours plus à mesure qu'il se décrépite, prétend qu'elle fut primitivement un temple de Druides dédié des-lors à la vierge qui devoit enfanter. *Virgini paritura!* Toutefois le feu du ciel la consuma en 1020 sans consumer le mensonge de son origine. Un certain Fulbert son évêque, ou selon d'autres, un Yves de Chartres, la fit rebâtir en pierre, de bois qu'elle étoit auparavant, telle à-peu-près qu'on la voit aujourd'hui. La hardiesse et l'élévation de ses clochers étonnent en effet le voyageur. Mais je crois qu'à plus juste titre l'homme de goût, l'ami des arts, doit son admiration à un groupe magnifique de marbre blanc, grainé et luisant, sorti du ciseau du célèbre Coustou, représentant une assomption. La figure de la vierge, entr'autres est un chef-d'œuvre et l'un des plus beaux ouvrages dont cet artiste fameux ait enrichi la France.

Mais il est bien rare de ne pas trouver toujours à côté des monumens, ce symbole de la puissance de l'homme, quelques vestiges de sa puérilité. Dans ce temple, énorme colosse, né du génie et de la force, se gardoit un soleil d'or que quatre hommes étoient obligés de porter dans les jours de cérémonie, et les quatre hommes étoient obligés d'être *barons* pour avoir cet honneur. Les tems sont un peu changés. Le soleil d'or a fait gaiement le voyage de l'église à la monnoie porté par quatre roturiers, et malgré le *respect* que l'on *doit* au souvenir des *barons*, c'est la plus noble procession que le *soleil* de Chartre ait faite pendant sa vie.

Les *barons* du *soleil* ne sont pas le seul enfantillage dont cette cathédrale ait été témoin, et certes la promotion de Saint-Bernard au grade de généralissime, est une boufonnerie d'un genre unique dont elle réclame la gloire : mais il ne suffit pas d'avoir soif de la guerre pour avoir l'art de la faire, et le modeste saint préféra le bénéfice de la prêcher, à la vaine fumée de la commander. Ce fut dans un grave concile où le Saint - Esprit, peu connoisseur en généraux sans doute, proclama Bernard conquérant ; Bernard ne fut pas de l'avis du Saint-Esprit ; et quoiqu'en dise l'église, je ne conçois pas comment sa *sainteté* se sera tirée de ce démenti en entrant en paradis.

Si Saint-Bernard y refusa le bâton de commandant, un huguenot y reçut la couronne. Et vous, qui vous moquez des saints, voyez par-là quelle différence entre eux et un hérétique ! Pas si grande que l'on croit. Henri IV se fit couronner à Chartres pour s'emparer du bien d'autrui, et St.-Bernard y refusa le commandement pour mieux dépouiller les autres. Il me semble alors qu'un saint et un hérétique ont assez de ressemblance. Ce roi, tant vanté quand la France à l'agonie avoit *la fièvre des rois*, fit le siége de cette ville en 1591, et après l'avoir prise s'y fit sacrer. Quel excès d'humanité ! Se faire sacrer au milieu des veuves et des enfans désolés dont on vient de massacrer les pères et les époux : c'est un étrange préliminaire pour mériter l'amour et la fidélité. Mais voilà comme raisonnent les rois. Je ne sais pas trop comment raisonna l'église alors : car la sainte-ampoule étoit prisonnière à Rheims, et la colombe de Clovis étoit un peu vieille pour faire le voyage de Rheims à Chartres. Il fallut bien pourtant que l'église s'en passat, car Henri IV n'étoit pas d'humeur à se passer de couronne.

Ce n'est pas le seul siége que cette ville ait souffert. Ceux de 910 et de 1118, le premier par Rolon duc de Normandie, et le second par Louis le Gros, sont envéloppés dans l'histoire des fables dont les premiers chroniqueurs de la France ont surchargé leurs écrits. Il est rare que dans le neuvième et dixième siècle on ne trouve toujours quelqu'évêque dans une ville assiégée, habile à faire des miracles pour la délivrer : et si le peuple assiégé va à son tour assiéger le peuple assiégeant, à coup sûr il se trouve là un évêque tout à point pour rendre à celui-ci le même service que son confrère a rendu à celui là. C'est ainsi qu'un évêque débarrassa Chartres des normands et de leur Rolon, dont la France plus puissante que Chartres ne put cependant se débarasser. C'est ainsi qu'un autre évêque portant en procession cette chemise de la vierge dont nous avons déja parlé, adoucit la colère de Louis-le-Gros qui venoit dans le royal dessein de réduire Chartres en cendre pour se venger d'un homme qui n'y demeuroit pas. Et voilà les sottises que, si l'on n'y prend garde, l'on mettra dans la tête de nos enfans, si l'on ne s'occupe pas à récrire l'histoire, et à la dépouiller de tous les préjugés dont d'imbécilles et crédules écrivains l'ont souillée.

A mesure que l'histoire se rapproche de nous, la vérité acquiert plus de prépondérance : les évêques ne font plus de miracles, mais les évêques se battent. Ce changement n'indique point, comme bien des gens sont tentés de le croire, le changement de mœurs d'un siècle à l'autre : cela prouve seulement que les écrivains commencent à juger les hommes

par

parce qu'ils font et non par ce qu'ils disent. Au quinzième siècle, quand le bâtard d'Orléans assiége Chartres ou pour mieux dire la surprend, les écrivains disent que l'évêque Festigni y combattit jusqu'à la mort pour les Bourguignons : si cela fût arrivé quatre ou cinq cents ans plutôt, les écrivains du tems eussent accompagné ce combat et cette mort de quelques phénomènes sacrés. Ce sont bien moins les mœurs de certains grands personnages qui varient, que l'écrivain qui s'éclaire ; un roi, un prêtre, un grand du neuvième siècle ou du dix-huitième siècle se ressemblent : il n'y a que les historiens qui ne se ressemblent pas.

Ce siége du bâtard d'Orléans en 1432 eut quelques circontances assez plaisantes. Le duc de Bourgogne et avec lui les Anglais s'étoient emparés de Chartres en 1417, sur la fin du règne déplorable de Charles VI. Le bâtard d'Orléans sentit l'importance de rendre cette place à Charles VII. Aidé de quelques chefs, Lahire, Felins, d'Illiers, d'Estouteville, etc, mais n'ayant que peu de troupes il n'étoit pas question de tenter un siége en règle, et c'étoit le cas de mettre la ruse à la place de la force. Des intelligences dans la ville étoient le point important, et le premier homme qu'ils corrompirent fut un Dominicain, predicateur de son métier, nommé *Jean Sarasin*. On étoit à la fin du carême, et le jour de Pâques fut choisi pour le jour de l'entreprise. Le Dominicain Jean, dont l'éloquence sans doute avoit fait bruit chez les dévots de Chartres annonça pour ce jour-là un sermon plus pathétique encore que ceux que l'on avoit entendus jusques alors, qui commenceroit à cinq heures du matin et dureroit jusqu'au soir : et le malin moine indiqua pour le lieu de cette séance, longuement pieuse, une église justement opposée à la porte par où nos braves devoient entrer. Informés par lui, ils arrivèrent pendant la nuit à un demi quart de lieue de la ville avec leur petite armée.

Cependant au point du jour les *bourgeois* de Chartres s'acheminent vers l'église, hommes, femmes, enfans, vieillards, tous s'y rendent ; et la ville à six heures est déserte. Le Dominicain prêche, on écoute, et peut-être on s'endort: le moine, comme on pense, ne servoit pas ses amis à moitié. Pendant qu'il prêche arrive l'avant-garde de nos héros : et cette avant-garde est quelques charriots chargés de vin, escortés par des soldats dont les armes sont cachées par dessous leurs casaques. Une foible garde étoit à la porte. Les charriots entrent, s'arrêtent : les prétendus conducteurs percent un tonneau, en tirent quelques cruches ; on en boit, on en offre à la garde, elle accepte : c'est le signal. On se jette sur elle : elle est massacrée. Telle est la guerre. Soudain, d'Illiers entre avec cent vingt hommes ; bientôt il est suivi par un détachement de quatre cents, et celui-ci bientôt par toute l'armée.

Etrange malheur pour le Dominicain s'il n'eût pas eu l'argent de sa perfidie pour dédommager son amour propre ! l'alarme se répand, son auditoire est déserté, l'on court aux armes ; il n'est plus tems. L'évêque Festigni, seul, en habits pontificaux, rassemble quelques bourgeois et quelques Anglais, marche en bataille, se présente à l'ennemi, préliminairement le bénit, et, le sabre à la main, fond sur la Hire et ses gens d'armes. La mître, ni la chape n'éloignèrent point la redoutable mort. La Hire soulève sa hache d'armes, le coup tombe sur l'occiput sacré, et l'évêque pourfendu tombe à droite, tombe à gauche, et sème par sa chûte la terreur aux deux ailes de son armée. L'on fuit, l'on se disperse, et des cris de victoire annoncent que Chartres vient de changer de maître. Le bâtard déshonora la sienne en souffrant à ses soldats le pillage de cette malheureuse ville. Le viol, le brigandage, le massacre furent le dénouement d'une surprise que l'hypocrite supercherie d'un moine, la puérile crédulité des bourgeois de Chartres, et la témérité fanfaronne d'une poignée de *chevaliers* errans devoient vouer au ridicule.

De tous les fléaux dont le reveil de la liberté nous a délivrés, le plus tenace, sans doute, est cette crédulité dont la puissance retient encore dans ses chaînes la classe du peuple si facile à égarer par cela même que sa bonté la rend sans défiance. Nous avons quatre ans de sagesse, et nous sommes presque tous encore enfans. N'est-il pas bisarre de voir à côté de l'orateur des rues dont les poulmons d'airain tonnent contre les jongleries de l'église, le rauque marchand de chansons grogner sur son aigre violon les miracles de monsieur Saint-Antoine, et de la pointe d'un archet empâté montrer aux spectateurs le religieux amour d'un cochon pour le saint ? N'est-il pas plaisant de voir le théâtre où l'on persifle le voyage de la sainte famille à Alger, adossé pour ainsi dire contre la vierge de la rue aux Ours, qui, parée par les mains de la sottise, attend au milieu d'une douzaine de petites chandelles l'effigie du Suisse, dont le mannequin, en marchant au bûcher, froissera peut-être le buste de Jean-Jacques ? Eh ! l'instruction publique souffre de sang-froid ces disparates dangereux ! On ne peut faire un pas dans Paris sans rencontrer le siècle de Solon, et celui de Saint-Ignace qui se promènent côté à côté. Pourquoi, si l'on a chassé l'ignorance souffrir que les lambeaux de son bonnet pointu naviguent encore sur l'eau bourbeuse des égoûts ? Craignons que le peuple dans un moment de désœuvrement ou de misère, ne les ramasse et ne s'en couvre. Il est si facile d'éviter ce malheur. Il ne faut souvent qu'un mot pour l'éclairer : le tout est de saisir l'à-propos. Un homme grimpé sur des traitaux, montroit à Chartres un informe tableau où le pinceau de quelque *Poussin* en enseignes avoit encrouté un enfer dont le ciel étoit le paradis. Le peuple au tour de lui, la bouche béante, l'œil immobile, le corps penché, et les mains jointes, suivoit la main explicative du saltinbanque, près des chaudières bouillantes où sa voix enrouée plongeoit, à deux liards par tête, les fraudeurs de la dîme, les amans mal-adroits, les jeunes filles sans mouchoirs. Là grilloit un incrédule aux revenans, un impoli dont le chapeau ne s'étoit pas levé devant une croix de pierre. Plus haut, et dans le paradis, se gaudissoit un *saint* curé, trépassé dans les bras de sa *sainte* servante. Enfin que vous dirai-je ? tableau faisoit merveille ! patards pleuvoient dans le chapeau du fripon, et peuple contrit de se signer, et *mea culpa* de trotter à la ronde. Deux patriotes passent. Voir et gemir fut même chose pour eux. Ils sautent sur les traiteaux ; on murmure, mais on écoute. Citoyens, s'écrient-ils, frères ! mais que faites vous ? Que vous montre cet homme ? un enfer, un paradis : en a-t-il fait le voyage pour vous en parler ? Moquez-vous donc de ce menteur qui parle de ce qu'il ne connoit pas. Le paradis c'est la liberté, l'enfer ce sont les tyrans. Le peuple de rire, d'aplaudir, et de suivre en chantant les deux apôtres de la vérité. Il ne faut qu'un mot au peuple pour l'instruire. L'art n'est pas de lui parler, mais de trouver l'instant de lui parler.

Si les hommes instruits étoient de bonne-foi, avoient vraiment l'amour du bien et de la patrie, la plus legère bagatelle deviendroit entre leurs mains des rayons de lumière pour le peuple. Telle étoit la réfléxion, mon ami, que nous faisions en parcourant le jardin d'*Anet* et les appartemens de *Maintenon*, lieux célèbres dont l'aspect a fait baisser nos regards par un sentiment de pudeur pour l'humanité. On parle de République, nous disions-nous, ce régime assurera le bonheur du peuple : est-il difficile de l'en convaincre ? Pourquoi ne pas écrire sur les murs d'Anet, sur le frontispice de Maintenon, ici vécurent deux femmes dont les charmes ou l'esprit captivèrent le cœur de ces hommes qui vous gouvernoient sous le nom de rois? Peuple! l'une par l'énormité de son luxe engloutit tout ce que les bras de vos pères infortunés arrachoient à la terre pour soutenir leur déplorable existence : deux cents mille hommes peut-être furent opprimés, vexés, arrachés à leurs chaumières, plongés dans les cachots, réduits à mourir de faim pour entretenir son orgueilleuse vanité: des bataillons furent écrasés, anéantis dans des guerres injustes pour lui plaire, et soutenues par des généraux inhabiles que sa prévention protégeoit. L'autre par on excessive hypocrisie fit bannir de cette terre où vous vivez trois cents mille familles dont le crime étoit de prier dieu dans une autre langue que la sienne. Ce furent vos frères, vos concitoyens, vos aïeux peut-être qu'elle persécuta, elle abusa du nom de Dieu pour ravir aux arts des enfans qui les faisoient fleurir : aux campagnes des agriculteurs qui les fertilisoient : à la patrie des bras qui la pouvoient défendre. Tout ce mal qu'elles ont fait l'auroient elles pû s'il n'eût existé des rois ? Et s'il existe des rois cesseront-ils d'être hommes? et s'ils sont hommes seront-ils exempts des mêmes foiblesses, et serez-vous exempts des mêmes malheurs ? Tremblez donc de demander des rois. C'est ainsi qu'un palais, un jardin, un arbre, une ruine, un tombeau, la moindre pierre pourroit fournir au sage une leçon pour le peuple. Nommez lui *Diane de Poitiers*, madame de *Maintenon*, il ne vous entendra pas : montrez-lui leur séjour il vous comprendra.

Ces deux femmes, qui toutes deux ont habité ce département sans y avoir pris naissance, étoient au nombre des grands vices de l'ancien régime un de ceux dont nous n'avons pas encore trouvé occasion de parler depuis que nous parcourons les départemens de la république. Favorites, étoit le nom de cette effroyable ulcère que la corruption des despotes avoit attaché au corps politique de l'état. Quand on se définit à soi-même ce que c'est que la maîtresse d'un roi, on s'étonne qu'il ait existé des femmes dont le courage du déshonneur ait été jusques là.

A l'aspect de ces femmes malheureuses dont l'exil des mœurs peuple les rues des grandes cités, c'est moins le mépris que la pitié dont l'homme de bien se trouve atteint. On sent que presque toutes n'ont rien fait pour le vice et que le vice au contraire a tout fait contr'elles : et c'est aux passions d'autrui que l'on s'en prend du dégoût qu'elles inspirent. Mais cent fois plus méprisables qu'elles, la haine, l'indignation, l'horreur, sont les sentimens que les favorites des rois réclament exclusivement. L'éclat même de leur corruption prouve que la corruption leur est inférieure, et qu'elles se seroient dégradées davantage s'il eût été possible de faire un pas au-delà. Tandis que les courtisanes, honteuses de la lumière du soleil, se cachent dans les repaires obscurs de leurs infâmes sérails, et daignent encore emprunter la pudeur de la nuit pour couvrir la boue de leur métier, la courtisane d'un roi appelle les nations au spectacle de sa honte. Elle brûle d'être la première des femmes pour attester qu'elle en est la dernière, et la ruine d'un empire est la solde qu'elle reçoit pour corrompre les mœurs avec impunité.

Fille de deux proscrits, Maintenon et Diane de Poitiers (2), eurent cela de commun que l'infortune de leurs pères leur ouvrit les portes de la cour, que l'âge où l'on cesse de plaire fut pour toutes deux l'époque ou leurs amans couronnés s'enchaînèrent à leur char, que toutes deux les avilirent assez pour les subjuguer, pour étouffer en eux l'amour de la gloire, pour les rendre indifférens à la voix de la nature, et méprisables comme hommes après les avoir rendus odieux comme rois, et qu'enfin toutes deux survécurent à leurs esclaves sans que la disgrace et le vide épouvantable d'une vieillesse déshonorée pussent abattre leur fierté et leur arracher un repentir. Anet et Maintenon furent cimentés par la sueur d'un peuple qu'elles abreuvèrent d'amertume, d'injustices, et de dégoût. L'exécration de leur règne dépravé s'étendit jusques sur la postérité. Peut être sans le caractère impérieux de Diane, celui de Cathérine de Médicis, rebutée par un époux infidèle, se fut moins aigri, et que les passions douces de l'hymen et de la maternité eussent tempéré cette ardeur de fausse politique, dont les effets firent regorger de sang les campagnes de la France. Peut-être que sans la tartuffe hypocrisie de Maintenon (3) la dépravation de la cour du régent ne se fut pas débordée comme un torrent, que les

Vieux fort de Dreux.

Vue de Dreux. a. le Pont.

finances épuisées par la pusillanime administration d'une femme bigote n'eussent pas amené le systême de Law, et le systême de Law la banqueroute de la plus grande puissance de l'Europe.

La main de la liberté fera bientôt tomber sans doute ces murailles impudiques d'Anet et de Maintenon. Honneur aux arts quand ils attestent la gloire des nations, mais que les colonnes, que les voûtes superbes s'écroulent en poussière quand le vice les a bâtis.

Après avoir vu Anet et Maintenon, nous avions besoin de voir des hommes, et nous nous sommes rendus à Dreux, la seconde ville du département : et là nous avons trouvé un peuple bon, généreux, et vraiment digne de la liberté par son énergie. Cette ville est, comme Chartres, au nombre des anciennes villes de France. Elle fut, dit-on, fondée par un certain Dryus, quatrième roi des Gaulois ; Mais qu'est-ce que c'étoit que ce Dryus ? et ces rois des Gaulois qu'étoient-ils eux-mêmes ? Ce roi fut, dit-on, l'instituteur des Druydes, mais ce conte est l'effet de la folie des hommes qui veut toujours trouver l'origine des choses dans la puissance physique et jamais dans celles des passions. Les instituteurs véritables des Druydes furent les rois des humains, c'est-à-dire la crédulité, le fanatisme et l'ignorance : ces despotes coriaces que la vérité a tant de peine à entamer. Il y a peu de commerce à Dreux, et si l'on en excepte les draps que l'on y fabrique pour l'habillement des troupes, à peine y trouve-t-on une manufacture de quelque conséquence. On y façonne cependant quelques cuirs et des toiles que l'on vend à Caen, et à la foire de Guibrai.

Il n'est point de Français dont le cœur ne se serre en traversant les plaines de Dreux. Qui peut, sans frémir, prononcer le mot de guerre civile ? Quand on se rappelle cette fameuse bataille de Dreux sur le terrein même où elle se donna, l'esprit est moins frappé de cette journée sanglante, que de l'horible paix dont elle fut la préface. Cette paix fut la Saint-Barthélemi !

Le foible François II étoit mort, mais le souvenir de la conjuration d'Amboise vivoit encore. Une misérable erreur et des passions puissantes divisoient les hommes. Dieu, pour les grands, étoit le prétexte, et pour le peuple il étoit la cause. Hélas ! sous le règne de l'esclavage le mensonge des puissans est la vérité des foibles. Charles IX, encore enfant, jouoit avec le crime sur le sein de sa mère : Montmorenci de Guise et Saint-André croyoient régner et ne faisoient qu'exécuter. Dans l'autre parti, trois hommes commandoient, un seul en étoit digne, et c'étoit Coligni, un seul se croyoit maître, et c'étoit Condé. Plus bourru que franc, plus étourdi que brave, plus tracassier que politique, Condé ignoblement prince et superbement incapable, qui n'avoit de son nom que la commune destinée d'être fatal à la France, Condé, à la tête des protestans dont la cause méritoit un autre chef, rencontra les royalistes dans les plaines de Dreux. Avec des forces moindres il résolut de tenter la bataille. Le triumvirat catholique balança à l'accepter, et Condé auroit dû profiter de l'indécision de ses adversaires. Elle fut telle qu'ils dépêchèrent à la cour pour prendre de nouveaux ordres. Ce fut alors que l'arrogante Médécis leur adressa indirectement cette réponse insultante que l'histoire a conservée. Les envoyés des généraux se présentèrent au lever de Cathérine. Elle les écouta, et, sans leur adresser la parole, se tournant vers la nourrice de Charles IX : nourrice, lui dit-elle avec ironie, voici des généraux d'armée qui consultent une femme et un enfant pour savoir s'ils donneront bataille ; qu'en pensez-vous ? Elle leur tourna le dos sans leur donner d'autre réponse. Cette amère plaisanterie décida les généraux à donner bataille. Dès le premier choc ils la crurent perdue pour eux. Le connétable Montmorenci fut pris dès le commencement de l'attaque : et le bruit de la défaite vola jusqu'à la cour. Cathérine, toujours souple et dont la politique se plioit à toutes les circonstances, dit en riant : Eh bien ! nous prierons Dieu en Français, voilà le pis aller. Mais bientôt la joie succéda à cette première alarme. La nouvelle de la victoire arriva bientôt : elle étoit demeurée aux royalistes avec le champ de bataille, et les protestans dans leur déroute, avoient eu leur général Condé et quinze cens hommes fait prisonniers.

Les environs de Dreux sont assez pittoresques, et c'est la seule ville de ce département après Chartres un peu considérable. Quelques débris d'un antique château rappellent les fers dont une longue suite de *comtes* l'ont accablée, tantôt amis, tantôt ennemis des *rois* français dont ils se disoient descendre ; Dreux s'est vue plus d'une fois victime de leur caprice. Ces antiques ruines de Châteaux ou *bastilles* sont communes dans ce département ; il en est à Chartres, à Nogent-le-Rotrou, à Châteaudun, à Chateauneuf, toutes villes ou bourgs peu importans. Ce fut à Nogent-sur-Eure que Philippe de Valois, ce roi dont la conduite financière fut si funeste à la France, rendit le plus grand service à l'humanité : il y mourut.

Ce département a fourni quelques hommes à réputation. Mais séparons de ces renommées éphemères (4) deux hommes justement célèbres, Nicole et Rotrou ; l'un, le premier Français qui ait dignement écrit la tragédie ; l'autre, le dernier Français qui ait dignement écrit le latin. L'auteur de Venceslas et le défenseur de Port-Royal ont dû faire époque : mais l'un plus que l'autre ; Rotrou parloit au cœur, et Nicole à l'esprit. Leur destinée ne dût pas être la même. Nicole s'est enseveli sous les ruines de Port Royal : ce fut un grand homme ! Mais qui le connoît aujourd'hui ? peu de savans et pas un sage. Et voilà le sort des grands talens qui se dédévouent à de petites opinions. Nicole voulut mettre un toît d'airain sur un château de cartes.

S'il eut tort en talens, il eut raison en morale. Peu d'hommes ont eu plus de vertus, et je ne fais point rougir son ombre en l'associant avec Rotrou, car Rotrou fut un homme de bien, bon citoyen, il vit la mort dans l'accomplissement d'un devoir patriotique, et eut le courage de ne voir que le devoir. Magistrat à Chartres sa patrie, une épidemie funeste la ravageoit : vainement le pressa-t-on de fuir, il étoit utile, il resta et mourut.

Nous ne sommes point étonnés de trouver dans l'histoire des vertus patriotiques indiquées à Chartres. Elles se sont généralisées avec la révolution et sont sorties de leurs foyers pour être utiles à la République. Paris leur doit de la reconnoissance. Dès le mois de septembre 1789 la fraternité fit voler Chartres au secours de Paris. On y ressentoit des alarmes sur les subsistances, Chartres spontanément envoya aux Parisiens quatre cents sacs de farine, et promit de renouveller ce bienfait toutes les semaines.

NOTES.

(1) Rome malgré les précautions de Numa Pompilius dont les loix défendoient expressément ces indignes sacrifices, Rome, dis-je, descendit à cet odieux usage, et la terreur en fut la cause. Après la bataille de Cannes on ne crut pouvoir appaiser les dieux irrités qu'en leur immolant deux Grecs et deux Gaulois.

(1) Diane de Poitiers étoit fille d'un comte de Saint-Vallier, qui fut condamné à mort pour avoir favorisé la fuite du connétable de Bourbon. François I. accorda sa grace aux larmes et aux attraits de sa fille. La peur de la mort fit un tel effet sur ce Saint-Vallier, que dans une seule nuit ses cheveux blanchirent entièrement. Diane vieillit sans obtenir d'autre réputation que celle d'une beauté parfaite, et sans acquérir un grand crédit. Elle avoit 40 ans, lorsque Henri II, qui n'en avoit que 18, devint amoureux d'elle, ainsi la fortune vint trouver cette femme lorsque l'ambition surnage seule pour ainsi dire sur les passions calmées. Elle en usa avec une fierté peu commune, et s'il étoit possible d'estimer une femme semblable, on seroit forcé de reconnoître une sorte de grandeur d'ame dans cette fierté. Son amant vouloit faire légitimer une fille qu'il en avoit eue : elle lui répondit, « J'etois née pour avoir des enfans légitimes de vous. » J'ai été votre maitresse parce que je vous aimois, je ne » souffrirai pas qu'un arrêt me déclare votre concubine ». Lorque Henri II étoit à l'extrémité, Catherine de Médicis lui fit redemander les pierreries de la couronne, et ordonner de se retirer. Le roi est-il mort? demanda-t-elle

à l'émissaire. ——Non, mais il ne passera pas la journée.
—Je n'ai donc pas encore de maître, reprit-elle. Elle est
la seule favorite pour qui l'on ait frappé des médailles. On
l'accusa d'avoir ensorcelé Henri II. L'esprit du tems
voyoit de la magie à tout, et cette inculpation étoit aussi
un art de flatter Catherine de Médicis, que les courtisans
mettoient en œuvre. Il y auroit quelque parallèle à faire
entre Diane et la veuve Scarron. J'aime mieux Diane,
elle n'étoit que superbe, et Maintenon étoit hypocrite.

(3) Une anecdote bien peu connue dévoilera la petitesse de madame de Maintenon, et combien sous des rois le sort des nations dépend souvent de la chose du monde la plus puérille. Lorsque les affaires de Philippe V. alloient au plus mal, le duc d'Orléans, depuis régent fut envoyé en Espagne pour y remédier. Tout le public et son père même crurent qu'il avoit tenté de s'y mettre la couronne sur la tête. Il n'en étoit pas un mot, et voici la cause cachée des pérsécutions qu'il éprouva. Pour adoucir aux yeux de nos lecteurs le peu de décence de quelques expressions que notre respect pour les mœurs ne nous permettroient pas, et cependant pour conserver à l'histoire la vérité qui constitue son utilité, nous le prions de se rappeller que soit usage, soit stérilité de la langue française, elle associe à de certains mots certaines syllables polissonnes dont les femmes savantes de Molière, se montrent si plaisamment offensées. C'est ainsi, par exemple, que sont composés les mots de *concitoyen*, de *condisciple*, etc. Revenons. Madame de Maintenon gouvernoit en France, et la princesse des Ursins sous ces ordres en Espagne. Le duc d'Orléans envoyé pour y commander les armées, s'indignoit que cette des Ursins ne

s'occupât nullement des choses de première nécessité pour la campagne que l'on vouloit faire. Dans un souper qu'il donnoit à quelques seigneurs, le vin ayant un peu échauffé sa tête et imposé silence à la politique, il proposa une santé aux convives, et remplissant son verre, je bois, dit-il, au *concapitaine* et au *conlieutenant*. Cette caustique allusion fut vivement saisie, et l'on rit beaucoup de cette satyre detournée des deux gouvernemens de France et d'Espagne. La princesse des Ursins le sut un quart d'heure après, et furieuse dépêcha un courrier à Madame de Maintenon dontle ressentiment fut plus violent encore. Ces deux femmes se réunirent alors pour faire échouer toutes les opérations d'Espagne, afin que tout le blâme en retombât sur le duc d'Orléans. Et telle fut l'origine des maux qui désolèrent si long-tems ce beau pays, et dont la France s'est si cruellement ressentie.

(4) Panard qui faisoit des vaudevilles en sermon, et le père Cheminais, qui faisoit des sermons en vaudevilles, étoient tous ceux de ce département.

VOYAGE
DANS LES DÉPARTEMENS
DE LA FRANCE,

Enrichi de Tableaux Géographiques et d'Estampes;

PAR les Citoyens J. LA VALLÉE, ancien capitaine au 46e. régiment, pour la partie du Texte; LOUIS BRION, pour la partie du Dessin; et LOUIS BRION, père, auteur de la Carte raisonnée de la France, pour la partie Géographique.

L'aspect d'un Peuple libre est fait pour l'univers.
J. LA VALLÉE. *Centenaire de la Liberté.* Acte Ier.

A PARIS,

Chez Brion, dessinateur, rue de Vaugirard, N°. 98, près le Théâtre-Français.

Buisson, libraire, rue Hautefeuille, N°. 20.

Desenne, libraire, galeries de la maison de l'Egalité, N°s. 1 et 2.

Et au Bureau de l'Imprimerie, rue du Théâtre-Français, N°. 4.

1794.
L'AN SECOND DE LA RÉPUBLIQUE.

AVIS.

L'assassinat de LEPELLETIER et de MARAT, deux Estampes faisant pendant, gravées d'après les tableaux de Brion, peintre, éditeur et dessinateur de cet ouvrage. A Paris, chez BRION, rue de Vaugirard, N°. 98; et chez BANCE, rue Saint-Severin, N°. 115; prix 6 livres chaque en noir, et 12 livres en couleur.

DÉPARTEMENT DU FINISTERRE,
ci-devant partie de la Bretagne.

Remarque.

Étendue de ce département est de 343 lieues quarrées.
Population de 286 mille habitans.
De la 13ᵉ division militaire, de la 4ᵉ division de gendarmerie nationale, et de la 18ᵉ conservation forestière.
Divisé en 9 districts, comprenant 30 cantons, et 253 municipalités.
Envoie 8 députés à la convention nationale.

VOYAGE

DANS LES DÉPARTEMENS

DE LA FRANCE.

DÉPARTEMENT DU FINISTÈRE.

Vous ne serez pas étonné sans doute qu'une juste curiosité nous ait conduit tout de suite à Brest, et que, sans nous arrêter dans notre route, nous nous soyons empressés de nous rendre dans cette commune, quoiqu'elle se trouve, pour ainsi dire, à l'extrémité de ce département, pour jouir plutôt du spectacle pompeux de la force maritime nationale. En effet, il étoit aussi nouveau qu'enchanteur pour nos yeux. Ce que nous avons vu de ports de mer jusqu'ici, soit le Havre, soit Cherbourg, soit Port-Malo, etc., n'étoit pas capable de nous donner une idée de la puissance souveraine que l'homme exerce sur les mers. La philosophie sans doute auroit lieu de gémir à l'aspect de ces machines énormes, de ces vaisseaux immenses et terribles dont la commune cargaison est la guerre et la mort, et qui, soumettant les orages et les flots à leur masse destructive, vont traîner les batailles sur la surface des Océans, et rendre les mers complices des fureurs de la terre.

Mais, il faut en convenir : ici l'admiration impose silence à la philosophie ; on y juge l'homme dans ce qu'il ose, et non dans ce qu'il devroit se défendre; on y reconnoît sa force, son audace, sa patience, son courage, sa témérité, l'on diroit presque sa sagesse ; et la vaste majesté de ses passions en occupant l'esprit, y contraint l'ame à l'oubli des vertus plus douces dont elle aime à trouver ailleurs l'activité consolante.

L'approche de Brest n'est rien moins que faite pour annoncer une des plus célèbres communes de l'Europe. C'est le superflu du commerce, c'est le luxe du négoce qui sèment les environs d'une commune de ces maisons de campagne, de ces asyles délicieux qui préparent l'imagination du voyageur aux merveilles qu'il va voir ; mais le commerce n'est que secondaire, ou, pour mieux dire, il n'y a point de commerce à Brest. C'est le camp formidable de la Bellone maritime. Tout est sauvage, tout est âpre dans ses environs comme l'art qu'on y professe, et il semble que la nature y défende à l'homme de sourire en approchant de cet arsenal fameux, où des milliers de bras forgent la mort chaque jour.

Placé sur le revers d'une montagne dont la croupe s'abaisse vers le port, on n'apperçoit pas même Brest quand on arrive à ses portes du côté de la terre. L'expression plurielle est même déplacée ici ; car Brest n'a qu'une porte, que l'on nomme la porte de Landernau. Ici ce ne sont point les dômes imposans dont se couronnent les grandes cités, qui, s'élevant sous l'horizon lointain, avertissent l'œil des monumens que son attention fixera bientôt de plus près : non, l'on vient se heurter contre les remparts de Brest, sans se douter qu'ils sont la ceinture de l'une des villes les plus importantes de la République. Ces remparts sont ceux d'une ville de guerre : c'est-à-dire, composés de bastions unis par des courtines, couvertes suivant les règles de la fortification de leurs demi-lunes ou ravelins, et entourés d'un fossé sec et de leurs glacis. Ce côté de Brest, comme le moins exposé, est aussi le moins fort. C'est vers le port et autour du fauxbourg de Recouvrance, situé de l'autre côté, c'est-à-dire, sur la route de la pointe du Conquêt, que l'art a déployé toutes ses ressources.

En entrant par la porte de Landernau, deux rues larges et droites, les deux seules pour ainsi dire de cette commune, y viennent aboutir diagonalement. Celle à gauche, que l'on nommoit la rue de Siam, parce qu'elle fut habitée par les ambassadeurs de ce royaume d'Asie, que M. Constance (1), célèbre aventurier européen et ministre du roi de Siam, avoit envoyé à Louis XIV, pour mettre à contribution son orgueil, conduit à une espèce de citadelle assez mauvaise pour ses fortifications, mais bonne par sa position, que l'on nomme Château. Celle à droite, désignée sous le nom générique de Grande-Rue, conduit, par une pente très-sensible, jusqu'à la grille du port. A mesure que les deux lignes de l'angle aigu que forment ces deux rues en se joignant à la porte de Landernau se divergent, le terrain qui les sépare, quoique couvert de maisons, devient plus escarpé, ensorte que toutes les rues transversales, si l'on en excepte celle appellée la Rampe, et qui déjà est d'une roideur presqu'inaccessible aux voitures, sont autant d'escaliers depuis cent jusqu'à cent cinquante marches. Ce qui donne à cette commune une figure singulière, et semble prêter à cette commodité même un air d'incommodité.

Il n'y a qu'une place à Brest : elle est sur le terrain le plus élevé de la commune et sur la gauche de la rue de Siam. Cette place, qui portoit le nom de Champ-de-bataille, est quarrée, entourée d'arbres, assez spacieuse pour que deux bataillons y manœuvrent à l'aise. C'est sur cette place, dont les façades sont assez bien bâties, quoique composées de maisons irrégulières, que les troupes de terre s'exercent. Elle est elle-même sur un terrain beaucoup plus élevé que la rue de Siam, et communique au Château par une rue de traverse, et au port par une rampe escarpée et coupée de marches de distances en distances, que l'on nommoit ridiculement rue des Sept-Saints. Cette rue, ou pour mieux dire cette échelle de pierres, conduit à un quai appellé le quai Marchand, qui occupe l'intervalle qui se trouve entre le pied de la citadelle et l'entrée de l'arsenal de la marine nationale.

C'est de ce quai Marchand que l'on traverse le port, ou, pour mieux me faire entendre, le canal où reposent les vaisseaux de guerre qui ne sont pas en commission, pour passer au fauxbourg nommé Recouvrance, qui, comme Brest, s'élève en amphithéâtre sur le coteau opposé. En fait de bâtimens,

Costume représenté sur le quai — Marchand de Brest.

les casernes exceptées, il n'offre rien de plus agréable que Brest même. Ses fortifications cependant sont plus modernes et meilleures.

Ce canal ou port dont nous parlions tout à l'heure, est une espèce de bras de mer plus étroit que ne l'est la Seine à Paris. Son embouchure qui donne dans la rade commence aux pieds de la citadelle. Il s'enfonce en serpentant dans l'intérieur des terres, et a cela d'avantageux que, de son entrée même, il est impossible d'appercevoir, non-seulement aucun des vaisseaux qu'il renferme, mais encore aucun des bâtimens superbes et des magasins immenses qui le bordent: ensorte qu'en supposant, ce qui est physiquement impossible, que des vaisseaux ennemis pussent pénétrer jusqu'à son entrée, ils n'appercevroient pas encore les objets importans qu'il seroit de leur intérêt de détruire.

Tous les soirs, au coup de canon de retraite, on tend d'une rive à l'autre une forte chaîne qui ferme l'entrée de ce canal : et de ce moment il n'est plus possible à la plus petite chaloupe de pénétrer dans le port jusqu'au retour du jour, où un nouveau coup de canon annonce l'ouverture de cette chaîne que l'on a tendue la veille. L'entrée en est défendue du côté de Brest par la citadelle ou château dont nous avons déjà parlé, et qui s'élève sur un rocher à pic : et du côté de Recouvrance, par deux batteries formidables, dont l'inférieure est à barbette. C'est là où sont placés les signaux d'où l'on répète ceux que l'on reçoit de l'entrée de la rade, autrement dite le Goulet, d'où l'on apperçoit tout ce qui se passe en pleine mer.

C'est dans toute la longueur de ce canal et dans le milieu de son courant que reposent à la file et sur deux rangs tous les vaisseaux de guerre de la République quand ils sont désarmés. Fortement assujettis de l'avant et de l'arrière sur deux cables, des tentes énormes, que l'on appelle *chemises*, les garantissent de l'intempérie des saisons, et de l'ardeur des rayons du soleil qui, dans leur repos, auroit l'inconvénient de dessécher et de disjoindre les bois.

Les bâtimens qui bordent les quais à droite et à gauche, sur-tout ceux qui sont construits du côté de Brest, sont d'une magnificence et d'une étendue étonnantes. C'est là que se trouvent, la corderie, la voilerie, les magasins de mâture, d'agrêts, d'ancres, etc.; le *bagne* ou logement des forçats, l'hôpital de la marine, et un grand nombre d'autres édifices plus solides et plus superbes les uns que les autres. La corderie sur-tout est infiniment curieuse par sa surprenante longueur et le travail qu'on y fait. On conçoit avec peine avec quelle adresse et quelle facilité on y tresse les plus gros cables : et cependant le procédé est le même que celui qu'on emploie ailleurs pour les plus petites ficelles : et ces cables, dont plusieurs sont aussi gros que le corps d'un homme, ne sont qu'un énorme faisceau de ces ficelles rassemblées et filées ensemble, dont on compose de grosses cordes, qui sont à leur tour les ficelles dont se composent les cables.

Le *bagne* ou logement des forçats est un bâtiment immense. C'est là qu'ils passent la nuit sur des lits de camp, à-peu-près semblables à ceux des corps-de-garde. Aux pieds de ce lit de camp sont des barres de fer dans lesquelles se passent le soir les anneaux que ces malheureux portent au pied. Cet anneau peut couler le long de cette barre de fer, ce qui allège un peu la position horriblement contrainte où ils se trouvent. Peut-être devroit-on leur accorder un sommeil plus paisible à la suite des fatigues du jour : et puisque leur supplice même tourne au profit de l'utilité publique, peut-être encore devroit-il exister une sorte de reconnoissance indépendante du moral, mais relative au physique, qui économisât leurs forces et leur santé. La loi prononce et détermine les peines, mais l'indifférence excusable de la société pour les criminels, mais l'avidité de leurs gardiens, mais l'inhumanité de ceux qui les gouvernent ne font pas le supplice à la taille du condamné : et il se trouve des fournisseurs infidèles dans la distribution des peines prononcées par la loi, comme il est ailleurs des habits et des souliers de rebut.

Telle étoit la réflexion qui, sous l'ancien régime, attristoit l'observateur qui pénétroit dans le bagne. Sous l'ancien régime on trouvoit la Cour par-tout ; à Versailles et encore au pied de la potence ; à Fontainebleau et encore au milieu des bagnes de Marseille, Rochefort et Brest. Par-tout le même esprit. Le moins criminel des courtisans étoit à coup sûr le moins riche, et conséquemment le plus éloigné des graces :

le moins criminel des forçats étoit à coup sûr le moins intriguant, et conséquemment le plus éloigné des douceurs. Il y avoit une sorte de hiérarchie dans le crime qui avoit établi des Castes dans les bagnes. Ils avoient leurs races de *brames* et leurs races de *parias*. En admettant pour un moment l'hypothèse de la justice des condamnations de ces malheureux, certes, il ne devoit y avoir aux yeux de la morale et de l'humanité aucune comparaison entre l'homme condamné aux galères pour sa vie, et celui dont la peine étoit limitée. Celui-ci étoit un être momentanément séparé de la société, destiné à rentrer un jour, non-seulement dans ses droits individuels, mais encore dans le partage de ceux du corps social. Celui-là étoit un être mort civilement, rebuté par l'échafaud, mais accueilli par le mépris éternel de l'homme de bien, qui s'attache irrévocablement sur la tête du coupable. Eh bien ! entre ces deux hommes soumis au même régime, il sembleroit que la pitié des gouvernans dût sourire au premier, et s'annihiler pour le second ? Point du tout, c'étoit l'inverse. C'étoit sur le premier que tomboient toute la rigueur des travaux, tout le poids des châtimens, toute l'étendue des privations ; tandis que le second, pour me servir encore de ma comparaison indienne, étoit le brame des galères. C'étoient vraiment le voleur, l'assassin, que l'incomplettement des preuves arrachoient à l'échafaud, qui jouissoient des *privilèges* des galères. Il faut bien se garder de mettre sur le compte de la pitié cet abus révoltant, qui n'étoit que l'effet de la plus basse cupidité. On spéculoit sur la longueur de sa vie ; on mettoit en marge du calcul la longueur de ses souffrances ; et on lui procuroit les facilités de l'une, pour qu'il pût acheter l'allégement des autres.

Mais n'oublions pas que nous envisagions tout-à-l'heure la justice de leurs condamnations comme une hypothèse : et généralement on pouvoit la considérer ainsi sous l'ancien régime. La contrebande et le braconnage meubloient les galères. Et qu'étoit-ce donc que la contrebande ? sinon une résistance de la nature à l'arbitraire des gouvernemens, une espièglerie que l'idée du *juste*, dans le contrebandier, lui faisoit commettre contre l'action de l'*injuste*. Qu'étoit-ce que le braconnage ? sinon la lutte d'un besoin indiqué par la nécessité contre le luxe inutile d'un plaisir réprouvé par l'humanité. Le braconnier chassoit pour vivre, ou pour purger son champ d'animaux dévastateurs : et la loi l'atteignoit pour avoir eu le courage d'insulter aux délassemens onéreux de l'homme qu'alors on nommoit *puissant*. Ce n'est pas la première fois que dans nos voyages nous sommes revenus sur ces antiques chagrins du pauvre, effacés aujourd'hui par les bienfaits de la liberté. Nous n'ajouterons rien à ce que nous en avons dit ailleurs. Quand au milieu de ce cahos d'erreurs, de préjugés, de contradictions, de loix incomplettes, ou injustes, ou désorganisatrices, la liberté à son réveil a voulu créer un nouveau monde, doit-on s'étonner qu'elle ait rejetté tant de matière ? On ne construit pas un vaisseau neuf avec les débris de mille vaisseaux pourris.

Certes, une des opérations les plus étonnantes pour l'esprit humain, où me ramène cette dernière réflexion, est la construction de ces énormes machines, inventées par l'homme pour porter aux bornes du monde son intelligence, son industrie, et malheureusement plus souvent encore ses passions et la guerre. Et, il faut le dire avec vérité, c'est ce dernier fléau qui réclame ici toutes les richesses de l'art, de l'industrie et de la nature. Mais une des idées consolantes qui tiennent à la chaîne des idées neuves enfantées par la révolution, c'est que pour la première fois nous avons vu la justice présider à des apprêts hostiles, et que l'on peut dire que les guerres de la liberté sont la préface de la paix du monde.

Souffrez que je vous renvoie aux livres de l'art pour consulter le procédé de la construction des vaisseaux. Ce détail est étranger à notre ouvrage. Nous ne vous parlerons que de l'étonnement, que de l'admiration que nous a causé l'imposant et pompeux spectacle que présente un vaisseau de cent pièces de canon lorsqu'on le lance à l'eau. Lorsque sa construction est achevée, deux poutres énormes en longueur comme en équarrissure sont placées sur le chantier des deux côtés du vaisseau, et en prolongent la quille d'un bout à l'autre. D'espaces en espaces, ces deux poutres sont unies par des cables entrelacés et fortement noués, qui passent par dessous la quille, ensorte qu'elle repose sur eux sans toucher au chantier. Ces poutres sont ce que l'on nomme le *ber* ou berceau. Vous concevrez facilement que cette quille ne touche pas au chantier, ou, pour mieux me faire entendre, à l'espèce de plancher en talus sur lequel on construit le vaisseau, attendu que cette quille, qui est la pièce de bois qui tient toute la longueur du dessous du vaisseau, est posée pendant toute la construction sur des espèces de chouquets ou piles de bois de quelques pieds d'élévation, qui laissent un intervalle entre le corps du vaisseau même et le chantier, et que lorsque le vaisseau est construit et prêt à lancer, on ôte ou l'on brise à coups de hache ces chouquets, ensorte que le vaisseau nécessairement s'appuie de lui-même sur ces cables qui unissent les deux poutres du berceau. Lorsque l'instant approche de le lancer, on dégage le corps du vaisseau de tous les échafaudages qui l'entourent et qui servoient aux ouvriers, ainsi que de la forêt d'étançons ou d'arc-boutans de bois qui le maintenoient en équilibre. Il est bon de vous observer que ce n'est pas la proue, comme la raison sembleroit l'indiquer, qui se présente du côté de l'eau, mais bien la poupe, ou l'*arrière*, qui est le véritable terme des marins. Le vaisseau une fois nud, deux cables fortement attachés à terre sont passés par les *écubiers* et vont correspondre aux cabestans de l'intérieur du vaisseau. On appelle *écubiers* deux trous qui se trouvent de chaque côté de la proue, destinés au passage des cables qui soutiennent les ancres à la mer. Ici, les cables dont je parle ne sont destinés qu'à modérer l'action trop vive du vaisseau lorsqu'il descend à l'eau, parce que, se déroulans à mesure qu'il s'élance, ils présentent toujours une sorte de résistance. Enfin lorsque tout est prêt pour le lancer, et que cette énorme masse, si j'ose m'exprimer ainsi, semble annoncer déjà par quelques craquemens qu'elle frémit d'impatience et qu'elle n'est plus retenue que par une simple pièce de bois qui l'arrête encore par le bout qui doit le premier arriver à l'eau, alors un charpentier, aussi vigoureux qu'intrépide, aussi leste qu'adroit, s'élance, frappe d'une hache hardie ce dernier arc-boutant. A peine l'a-t-il entamé, que ce colosse étonnant, entraîné par son propre poids, et glissant sur ce berceau enduit d'un suif épais qui redouble sa vélocité, annonce son départ par un sifflement épouvantable. L'homme le plus courageux n'apperçoit pas sans frémir le péril imminent que court le charpentier qui se dévoue pour couper le dernier arc-boutant. Une seconde de retard suffiroit pour assurer sa perte. Cependant le vaisseau marche, ou, pour mieux dire, il vole. La fumée, la flamme même qui s'élèvent du chantier, annoncent la rapidité de son mouvement et l'incroyable action du frottement. J'écris, il est déjà loin. La place immense qu'il vient occuper dans l'onde fait refluer les eaux; elles s'élèvent en vagues profondes autour de lui et blanchissent d'écume ses flancs vierges encore, et l'oscillation des flots va balancer au loin les vaisseaux qui naguère reposoient immobiles sur leur surface inanimée.

Les bassins, invention nouvelle, ne frappent pas également l'esprit d'admiration dans leur manœuvre;

mais examinés avec l'œil de la réflexion, ils ne présentent pas à l'imagination des résultats moins admirables. Ceux-ci, comme les chantiers, ne sont pas destinés à la construction des vaisseaux, quoiqu'ils pussent servir à cet usage, mais bien à leur refonte. Ces bassins sont des espèces de caisses de maçonnerie de la grandeur des plus grands vaisseaux, et creusés en terre au-dessous du niveau de l'eau des hautes marées, c'est-à-dire, de vingt-cinq à trente pieds pour les côtes de l'Océan. Le fond de ces bassins ou caisses est disposé comme les chantiers, à la différence qu'il n'est point en pente comme eux. Ces bassins n'ont qu'une ouverture dans le bout qui regarde la mer. Cette ouverture est fermée par une porte à deux battans, de la hauteur de tout le bassin, et présentant une forme demi-circulaire du côté de l'eau, pour lui présenter une résistance plus certaine. Cette porte, roulant sur des gonds épais, et plutôt formée de madriers que de planches, est si hermétiquement fermée, que l'eau ne filtre pas à travers le joint des battans. Le bassin dans toute sa longueur est couvert d'un toît en planches, à-peu-près dans la forme de certaines halles. Quand on veut y faire entrer un vaisseau, on attend l'heure de la basse mer. Alors on ouvre cette porte : l'eau entre insensiblement. Lorsque la mer est haute, on introduit le vaisseau dans le bassin, et lorsque le reflux a entraîné l'eau qui le remplissoit, on referme la porte, le vaisseau se trouve à sec, et l'on travaille facilement aux réparations dont il a besoin. Cette manœuvre, comme on le voit, est parfaitement simple. Il n'est point d'homme qui la voyant, pût dire, j'eusse inventé les bassins; mais c'est précisément la facilité de cette pensée qui prouve la difficulté.

La mâture est également au nombre des merveilles du port de Brest. Au moyen de cette mécanique, dont le procédé paroît avoir quelqu'analogie avec ces sortes de poids que l'on appelle *romaines*, on enlève ou l'on place en très-peu de tems les mâts des plus gros vaisseaux.

Sous l'ancien régime, Brest étoit le séjour moralement le plus détestable pour un homme de bien. Tout ce que l'insolence peut offrir de plus repoussant, l'immoralité de plus avilissant, le libertinage de plus révoltant, se réunissoit pour en écarter l'homme vertueux. Il eût été également dangereux d'y conduire sa femme, ou sa fille, ou son fils: et les vices publics en défendoient l'entrée aux vertus privées. Un de ces rassemblemens d'hommes, que l'on qualifioit jadis de Corps, régnoit en souverain dans cette commune: et depuis la courtisanne dont il salarioit la corruption, jusqu'au *notable* dont il méprisoit la décence, tout trembloit devant ce colosse d'argile doré, que l'on appelloit alors marine *royale*.

Je ne puis m'empêcher de remarquer en passant que cette épithète de *royale* imprimoit à tout ce qui le portoit un caractère indélébile de perversité. Manufacture *royale*, étoit celle où la main-d'œuvre étoit la plus mal payée, les objets manufacturés les plus mauvais souvent, et toujours les plus chers de leur genre. Ces maisons de larmes et de tortures,

appellées

appellées Maisons de force, étoient des maisons *royales*. Imprimerie *royale*, étoit la seule dont il ne fût jamais sorti un trait de lumière pour l'homme, une loi favorable à l'humanité, un livre utile aux connoissances humaines. Jardin *royal*, étoit celui où le Peuple n'entroit jamais, d'où la nature étoit bannie, où le bon goût se traînoit en esclave sur les pas de l'art humilié et du luxe effronté. Vouloit-on un aréopage de préjugés, de puériles afféteries, de méthodiques considérations, de graves jalousies, de gigantesques prétentions, de talens par privilège ? on vous adressoit à une académie *royale*. Vouloit-on connoître un jugement absurde, une timidité inepte, une partialité coriace, une morgue ridicule, un instrument paralyseur de toutes les conceptions, on demandoit l'adresse d'un censeur *royal* ? Enfin si, dans la collection des vices humains, on souhaitoit avoir un grouppe qui les présentât sous un seul point de vue, il falloit aller à Brest, Rochefort et Toulon, voir la marine *royale*; et comme l'épithète de divin rappelle l'idée de tout ce que l'on peut estimer, celle de *royal* réunissoit tout ce que l'on devoit mépriser, détester, éviter, ou craindre.

Le jeu, la débauche la plus repoussante, l'oisiveté la plus ridicule, consumoient les jours de ce Corps si vanté sous l'ancien régime, si fier de son apparente capabilité, quelquefois si funeste à la France, et toujours si nul à l'instant même où il passoit pour être si important. La composition en étoit détestable; les bases en étoient fausses; et tous les mouve-

B

mens contradictoires. Un grand-amiral en étoit le chef; communément c'étoit un homme à qui l'aspect de la mer et la forme même d'un vaisseau étoient totalement inconnus, et qui, propriétaire souvent d'un sang que l'on disoit *royal*, ne connoissoit que l'art de louvoyer au milieu des orages de la Cour. Trois vice-amiraux suppléoient dans les ports à cet être nul : et nuls eux-mêmes, traînoient bien plutôt la pesanteur de leur titre comme un uniforme d'invalide, que comme une attestation des talens qu'ils n'avoient jamais eus. Venoient ensuite les chefs d'escadre, les capitaines, les lieutenans et les enseignes de vaisseau. La jactance, l'orgueil inhabile, la paresseuse fierté de la naissance, la superbe hydropisie des titres traçoient les lignes de démarcation qui distinguoient ces grades, et allouoient la carrière de l'avancement, non pas au mérite, mais au ridicule respect pour le rang d'ancienneté; respect si dangereux pour la chose publique. La seule manière pour ces officiers de se mettre en évidence, étoit d'obtenir *d'être armés*, soit en paix, soit en guerre. C'étoit l'expression. Alors deux atroces inconvéniens résultoient de ce mode ; c'est que le commandement des uns étoit le résultat de l'intrigue, et l'inutilité des autres le fruit du mépris que la Cour leur portoit : ainsi l'état étoit sûr de voir ses flottes conduites par des fripons, et ses ports encombrés d'incapables ou de paresseux qu'elle payoit à grands frais. Telle fut l'origine, tantôt de l'avilissement et de l'anéantissement total de la marine française, tantôt de ses défaites et de ses pertes incalculables, quand il prenoit fantaisie à un roi de la relever bien plus par orgueil que par amour pour la chose publique. C'est dans ce vice qu'il faut chercher les désastres des Conflans, des Beaufremont, des de Grasse, tandis que la France, par sa situation et l'excellence de ses matelots, sembloit être appellée par la nature et l'inclination nationale à devenir la première puissance maritime de l'Europe. Deux grands maux sont résultés de cette détestable composition de la marine française ; c'est qu'elle a retardé la révolution française, c'est qu'elle a ramené l'esclavage en Angleterre. La France plus puissante sur mer, le pouvoir monarchique eût été moindre, tandis qu'au contraire l'Angleterre emportant la balance maritime, le pouvoir ministériel s'en est accru chez elle. Cette idée s'expliquera d'elle-même, si l'on réfléchit qu'en France c'est l'homme qui est bon pour la marine, au lieu qu'en Angleterre c'est la marine qui est bonne pour l'homme. Par-tout où l'art est nécessaire à l'homme, l'esclavage est à côté ; au lieu qu'où l'homme est nécessaire à l'art, la liberté survient. Les despotes connoissoient bien cette distinction. Le tems où les Anglais furent le moins marins, fut celui où ils furent le plus libres ; et par la raison contraire, l'époque où les Français furent le plus esclaves, fut celle où ils furent le moins marins. S'il est quelques personnes qui ne m'entendent pas encore, je leur dirai, c'est par orgueil que le Peuple Anglais est marin, c'est par courage que le Peuple Français est matelot. Or, un despote caresse-t-il le courage ? Non : mais bien l'orgueil.

La dernière classe de ce Corps sous l'ancien régime étoient les gardes de la marine. Souvent en lisant Milton, il m'a pris fantaisie de croire qu'il étoit venu chercher le modèle de ses anges rebelles dans ce corps d'indomptables marmots. Certes, quand sa poétique magie rapetisse assez ses innombrables légions d'esprits malins pour les renfermer tous dans la salle du conseil infernal de satan, qui ne croiroit voir la horde des gardes de la marine comprimée sous la verge de fer d'un maître impérieux, mais tous portant sur le front la marque des vices qui les rongent, ainsi que les anges de Milton y portoient les sillons de la foudre, et comme eux brûlant de la sourde impatience de se répandre au dehors pour y verser les flots de malice qui fermentoient dans leur cœur? Un séjour habité par les gardes de la marine, étoit un enfer. L'innocence, la pudeur, la modestie, les piétés publiques, filiales et pénatides ne l'habitèrent jamais. Là ne se trouvoient, ni les corruptions antiques, ni les dépravations modernes, mais un incorruptible foyer de vices endémiques qui ne tenoient rien de l'histoire, rien du tems présent, mais qui tenoient tout du corps qui les alimentoit. C'étoit un chancre qui n'aspiroit rien de la putridité de l'air environnant, mais qui puisoit sa gangrène dans le membre même qui le nourrissoit : et pour tout dire en un mot, on auroit pu graver sur les portes de Brest, de Rochefort et de Toulon, *Ici la vertu n'entra jamais*, sans craindre que le tems eût effacé ces caractères indélébiles.

L'éponge en appartenoit à la liberté. Ailleurs elle

est entrée sur le char de l'âge d'or, mais dans les repaires de la marine monarchique, elle s'est élancée sur les carreaux de la foudre; et dans la suite de nos Voyages nous vous montrerons à Toulon les derniers adieux de cette marine *royale*, semblables à ceux du cadavre pestiféré qui sème encore l'épidémie à travers le cercueil qui l'engloutit à jamais.

Une observation que les politiques n'ont pas assez faite sous l'ancien régime, c'est que jamais un homme célèbre ne fut en France ministre de la marine. Elle eût résolu bien des questions. Elle eût au moins expliqué un des ressorts cachés du despotisme, en découvrant que l'orgueil de ce corps tenoit à l'imbécillité des ministres, et que ce despotisme avoit ses raisons pour les faire coïncider ensemble. J'ai vu dans ma jeunesse le duc de Praslin, ministre de la marine, venir à l'Orient. A son arrivée, M. Rote, directeur de la compagnie des Indes, lui soumit une difficulté nautique. Son incapacité lui fermoit la bouche. M^{de}. de Praslin, plus spirituelle, s'appercevant du ridicule qui rejaillissoit sur son mari, crut le mettre à son aise en disant, M. de Praslin a parfaitement la théorie de l'art de la marine, mais il n'a jamais vu de vaisseaux. Que répond l'imbécille ministre ? Oh! pardonnez-moi, j'en ai vu un petit suspendu dans le cabinet de M. Berrier. Et voilà l'homme qui venoit inspecter la marine de la première nation du monde! Il est vrai qu'il possédoit un art bien précieux dans les Cours, celui d'épuiser l'opprobre des concussions dans la charge qu'il possédoit. La postérité croirat-elle que cet homme avoit donné une pension à Mlle d'Angeville, sa maîtresse, sur le pain des galériens de Brest, et que les diamans d'une courtisanne étoient le fruit du vol qu'un grand seigneur faisoit à des criminels, ou, ce qui seroit pis, à des infortunés ? Il est réellement des scélératesses de l'ancienne Cour que l'on n'ose pas écrire, de peur d'y réfléchir.

L'activité, l'amour de l'ordre et du travail, la discipline républicaine, la majesté de l'art, la robusticité des forces maritimes ont succédé à ce colosse vermoulu, mais doré, que l'on appelloit marine, et qui traînoit sa superbe décrépitude appuyée sur la honte et les défaites.

Vous nous pardonnerez, sans doute, de nous être si longuement étendus sur l'article de Brest. Mais cette commune fut si long-tems malheureuse, elle est aujourd'hui si intéressante ! Que vit-on à Brest depuis sa fondation jusqu'aux premiers jours des siècles de la République ? Des monumens fastueux, des galériens, les armes et les devises des rois, des vers qui rongeoient les vaisseaux, des intendans qui rongeoient l'ouvrier, et les vices des grands qui rongeoient les mœurs. Aujourd'hui, plus d'intendans, de seigneurs, de *nec pluribus impar !* Quitte-t-on Brest aisément ? Quel homme ne voudroit retenir dans leur course les premiers beaux jours du printems !

Au-delà de Brest se trouve le Conquêt et la pointe dite Saint-Matthieu, c'est-à-dire, la partie la plus occidentale de la France. C'est-là que manque la terre, et c'est peut-être ce qui a déterminé la dénomination de ce département, Finistère. Hélas, oui ! c'est-là que la terre manque à l'homme ; mais l'Océan manque-t-il à ses crimes ? Ce fut par ce côté que Jean, comte de Montfort, assiégea Brest, en 1341 ; siège fameux que soutint Garnier de Clisson, qui commandoit dans cette place pour Charles de Blois, et suite des longues divisions de ces deux maisons dont nous vous parlerons avec plus d'étendue dans le département du Morbihan. Brest étoit loin alors d'être ce qu'il est aujourd'hui ; et son château, dont il ne reste plus que quelques débris, faisoit toute sa force à cette époque.

L'on trouve fréquemment dans ces cantons des croix sur les chemins, que la bonté du Peuple lui fait croire, ici comme ailleurs, érigées pour lui rappeller le souvenir d'un Dieu *rémunérateur*. Les prêtres, qui cependant ne l'ignoroient pas, se sont bien gardés de lui dire que ces croix, loin d'être l'emblême de l'humanité d'un Dieu, étoient au contraire le monument de l'intolérable oppression des seigneurs féodaux. Il n'est pas rare de voir la protection première, accordée à l'innocence, dégénérer à la longue en sauve-garde pour le crime. Telle devint, à la suite des tems, l'inviolabilité d'asyle primitivement accordée aux églises. Elle prit sa source dans un sentiment de générosité qui ouvroit à l'infortune seule une retraite sacrée aux pieds de l'autel, et qui lui conseilloit, pour ainsi dire, de prendre l'Être suprême à témoin de la persécution qu'on lui faisoit souffrir. Deux empereurs imbécilles, Théodose le jeune, en 431, et Léon, en 466, s'avisèrent de fixer cette institution, et l'œil impérial, semblable au basilic, y porta la mort. Ils ordonnèrent que tous les temples seroient ouverts aux gens en péril, et défendirent, sous les peines les plus sévères, de les en arracher. Dès-lors les forfaits puisèrent l'impunité aux lieux même où l'innocence cherchoit un refuge, et une idée, philosophique dans son principe, devint un véhicule pour la scélératesse. La première race des rois français, plus imbécille encore, parce qu'elle étoit plus barbare, renchérit sur cette sottise, et Saint-Martin de Tours entre autres devint célèbre par son immunité fameuse. Situé sur les bords de la Loire, il étoit en Europe ce que le temple de Jagarnat est aux rives du Gange. Tout ce que le vol, l'assassinat et le poison enfantèrent de monstres, peupla long-tems le temple de Saint-Martin, et certes, les habitans des cachots du Châtelet étoient des vertus, en comparaison des habitués de Saint-Martin de Tours. Charlemagne eut le bon esprit, en 778, d'abolir cet indigne usage; mais une bonne loi d'un monarque est toujours sûre d'être rapportée bientôt, et en 788, il restitua dévotement aux églises le droit de protéger le crime. Jusques-là du moins si les coupables en profitoient, les soi-disant souverains avoient eu la pudeur de ne pas les nommer dans leurs capitulaires. Philippe-le-Bel mit de côté cette *ridicule* modestie, et défendit positivement que l'on arrachât les coupables des églises où ils se seroient réfugiés.

Cette *munificence royale* passa bientôt des trônes aux petits potentats à tourelles. Leur foible puissance contre leurs ennemis leur rendoit l'assassinat plus nécessaire ; et , certes , pour tranquilliser leurs satellites , que le danger de l'emploi de massacreur auroit rendu plus rares , l'immunité de l'église étoit trop précieuse pour la négliger. Par dégradation, l'habitude des inimitiés et ce goût des vengeances passant des *princes* aux *sujets* , malgré l'étonnante multiplication des églises , elles devinrent trop rares pour la quantité de scélérats qui eurent besoin de leur secours. Alors, loin de songer à réprimer l'abus, il ne vint à l'esprit que d'étendre les franchises ; et ce fut à cette époque que l'on planta sur les chemins ces croix que l'on y voit encore , et qu'on leur imprima, aussi-bien qu'aux églises, cette vertu protectrice du crime. Quand l'homme de la campagne tire machinalement son chapeau , ou s'agenouille devant une de ces croix, il est bien loin de s'imaginer qu'il remercie Dieu de ce qu'il fut jadis tant de lieux sur la terre où le scélérat étoit sûr d'échapper à la loi. Sans doute il étoit bien des monumens dont l'aspect outrageoit la liberté ; mais avant de les détruire, peut-être eût-il fallu écrire sur leurs parois, *Je dus le jour au besoin de tel crime*. Entre l'homme éclairé et le Peuple, la seule différence , c'est que l'un les renverse, parce qu'il en sait la raison , et que l'autre la demande. Il faut donc la lui dire. Les Muses écrivent l'histoire avec un burin, et le tems avec les marbres. Si l'on demande à Clio pourquoi elle conserve le nom de Parthenius, qui prenoit de l'aloës pour manger avec plus de voracité, il faut également que l'on puisse interroger le tems pourquoi telle pierre porte encore le *sénatus-consulte* qui dévoua César aux Dieux infernaux ? La sobriété et la haine des tyrans naîtront de la réponse.

Quoique le département du Finistère fournisse des blés, il n'est pas un des plus fertiles de la République. Ses légumes font une partie de sa richesse territoriale, et ils sont assez abondans pour que l'on en engraisse des chevaux et d'autres bestiaux, qui deviennent excellens avec cette nourriture.

Le voisinage de la mer enlève également les bras à l'agriculture comme à l'industrie. On n'y fabrique guère que des toiles à voiles, quelques toiles plus fines, dites de Morlaix, et de légères draperies, comme pinchina, berlinges et serges. Le commerce de la pêche est celui qui répand le plus de richesses dans le pays. Morlaix est la plus jolie commune de ce département, et la plus négociante. Quoique située à deux lieues de la mer, des bâtimens assez considérables peuvent remonter jusqu'à bord de ses quais. Elle étend ainsi ses relations avec tous les états maritimes, et se range avec une sorte de distinction sur la ligne des places de commerce. Ses environs sont cultivés et fertiles ; ils nourrissent des chevaux d'une qualité assez supérieure pour que les maquignons, abusant de la bonne-foi des acheteurs, les vendent pour des chevaux normands.

L'entrée de la rivière de Morlaix étoit défendue par un château qui portoit le nom de Château-du-

Morlaix.

Taureau. C'étoit en effet le *Taureau* des phalaris de la France, c'est-à-dire, une de ces bastilles où les Omhrahs de Versailles plongeoient leurs victimes. Celle-ci est célèbre par un de ces grands traits de surdité féroce dont le gouvernement des Bourbons se rendit si souvent coupable envers les infortunés qui avoient la bonhommie de réclamer sa justice. Une méprise de nom accumula sur la tête d'un malheureux vingt-sept ans d'une affreuse captivité. Un monstre, dont je regrette que le nom me soit échappé, prémédite d'empoisonner, dans un festin, son père, sa mère, son épouse, ses enfans et quelques amis. Le crime n'est qu'à moitié consommé : mais ce monstre tient à une famille puissante, et l'orgueil prend la défense de celui que le supplice réclame. La grande scélératesse des lettres de cachet étoit moins la privation arbitraire de la liberté d'un individu, que le dol qu'elles faisoient à l'échafaud. Si l'on eût fait le procès à cet empoisonneur, un innocent n'eût pas filé vingt-sept ans d'une chaîne insupportable. La lettre de cachet est accordée, remise à un exempt qui se trompe sur le nom, et va arracher un père de famille, un ouvrier pauvre, sans connoissances et sans protections, à sa femme et ses enfans, et le conduit au Château-du-Taureau. Au bout de quelques jours, la famille empoisonnée, ennuyée de ne pas voir arriver la lettre de cachet qu'elle attend, la sollicite de nouveau. Une lettre de cachet est une chose trop peu de conséquence pour un ministre pour qu'elle occupe sa mémoire. Il en signe une nouvelle, sans se rappeller que quelques jours avant il en a expédié une pour le même sujet, et le véritable empoisonneur est conduit ailleurs.

Cependant la victime de la méprise arrive au Château-du-Taureau. Le crime dont on l'accuse est détaillé dans toute sa difformité au commandant, qui le plonge dans un cachot. Sa prétendue famille étoit loin de lui faire passer des secours, puisqu'elle ne se doutoit pas de l'erreur que l'agent de la police avoit commise. Le commandant, qui crut cet homme abandonné, s'imagina *généreusement* qu'on vouloit le faire périr, et sans daigner ni le voir, ni l'entendre, ne lui fit donner que le pain nécessaire pour soutenir sa malheureuse existence. Ce gouverneur mourut, mais non sa férocité. Son successeur en hérita, et le sort du malheureux prisonnier ne fut point adouci.

Qui le croiroit? son cachot étoit assez profond pour que l'eau de la mer, filtrant à travers le sable par-dessous les fondations, le remplît d'eau à chaque marée montante; ensorte qu'il en étoit inondé deux fois par vingt-quatre heures. Ce fut dans cette cruelle situation que ce malheureux passa près de vingt-sept ans. Sa douceur, sa patience, et, ce qui peut-être est plus étonnant encore, son inaltérable santé qui résista tout à la fois aux souffrances morales et aux incommodités physiques, l'avoient rendu un sujet de curiosité; et, disons-le à la honte de l'homme, non pas un objet de compassion. Passoit-il quelqu'étranger au Château-du-Taureau, l'insensible Cerbère, que l'on appelloit commandant ou gouverneur, s'empressoit de le conduire à la cage souterraine de cette déplorable victime, et pendant vingt ans il ne vint à l'esprit de nul d'entr'eux de reconnoître l'innocence écrite sur le front paisible de l'infortuné qui s'offroit à leurs regards. Enfin ce fut un négociant de Saint-Malo, aujourd'hui Port-Malo, qui le premier soupçonna que cet homme pouvoit n'être pas coupable. A force de questions, il parvint à s'en éclaircir, et un dernier trait acheva de le confirmer dans cette persuasion. Dans la conversation qu'il eut avec lui, ayant usé de tous les ménagemens pour lui faire entendre qu'il étoit informé du crime énorme qui l'avoit fait plonger dans ce cachot, et voyant enfin qu'il ne l'entendoit pas, il se hasarda à lui dire, mais il semble que vous ignoriez que vous êtes ici pour avoir voulu empoisonner votre père, vos enfans, vos amis. A peine avoit-il prononcé ces mots, que la pâleur de la mort s'étendit sur tous les traits du malheureux captif. Quoi! dans le monde, s'écria-t-il, quoi! tous ceux que la curiosité amena dans ce cachot s'imaginoient que le malheureux Gervais étoit coupable d'un semblable forfait! Ah! Monsieur, dans ma misère j'étois heureux! que vous ai-je fait pour être venu m'arracher la paix de l'ame, mon unique consolatrice depuis vingt-six ans de souffrances? Empoisonner mon père! et comment l'aurois-je pu? Élevé aux Enfans-trouvés, ai-je jamais eu la douceur de connoître les caresses paternelles? Mes amis! eh! Monsieur, un pauvre chauderonnier qui vivoit de son travail avoit-il la possibilité de donner des festins? Mes enfans....

— Comment ? eh ! n'êtes-vous pas le marquis de...?
— Ne me plaisantez pas ; Monsieur, je suis Gervais, chauderonnier, demeurant fauxbourg Saint-Marceau, je vous l'ai déjà dit.

Le négociant, pénétré tout à la fois d'horreur et d'admiration, commença par adoucir le sort de ce malheureux en remettant une somme au gouverneur, qui en mit les trois quarts dans sa poche, et fit acheter le reste au malheureux par la lenteur qu'il mit à le placer dans un lieu plus commode. Cependant son bienfaiteur s'étoit rendu à Paris. Un ministre et des commis avoient signé et expédié une lettre de cachet sans peine, sans se faire prier, dans vingt-quatre heures enfin, lettre dont l'abus avoit retranché vingt-sept ans de la vie d'un innocent ; il fallut des mois entiers à un homme de bien pour obtenir même audience d'un garçon de bureau. Il s'agissoit de réparer un grand crime ministériel ; il n'avoit coûté qu'un quart-d'heure à commettre ; il coûta une année pour en obtenir justice. Il fallut acheter au poids de l'or tous les échelons qui conduisoient jusqu'au visir. Ce n'étoit qu'un acte de devoir qu'on lui demandoit, et il en coûta des sommes ! Qu'auroit-ce été, si l'on en eût exigé un acte de vertu ?

Quimper, long-tems appellé Quimper-Corentin, et que l'on écrit assez communément Kimper, est le chef-lieu de ce département. On regardoit jadis cette commune comme la capitale de la *Basse-Bretagne*. Quoiqu'assez peuplée, elle est peu riche, peu commerçante, et son territoire est peu fertile ;

Quimper.

mais ses pâturages sont excellens, et les chevaux que l'on y élève, quoique de la petite espèce, sont renommés pour leur nerveuse vélocité.

Une cathédrale gothique dont le frontispice vient de porter avec étonnement le titre de temple à la raison, et malgré son antiquité, pour la première fois sans doute celui de temple de l'Éternel, est le seul monument qui mérite quelqu'attention. Elle étoit *dédiée* à un saint Corentin, car telle étoit l'expression usitée dans la langue mesquine du sacerdoce. On reconnoît dans l'idiôme sacerdotal cette trivialité politique dont il usoit pour avilir, pour dégrader l'homme. Il sentoit à merveille que la langue a des relations, j'oserois presque dire alimentaires pour le génie, et qu'on amène l'homme à penser foiblement en l'accoutumant à parler bassement. La noblesse de la langue aggrandit le génie, et sans doute plus d'une action héroïque fut conçue par le son d'une expression élevée qui frappa l'oreille de tel homme. Le *Qu'il mourût* de Corneille a été le germe de plus d'un dévouement. L'oreille est l'œil de l'ame, comme l'œil est souvent l'oreille de la sensibilité.

En voici peut-être une preuve. Le siège de Quimper-Corentin, en 1345, a laissé dans l'histoire des traces de barbarie peu communes. Jamais la fureur du carnage ne fut poussée si loin. Il s'agissoit encore de la rivalité du comte de Montfort et de Charles de Blois, dont nous avons promis plus haut des détails plus étendus dans le département du Morbihan. C'étoit l'armée de Charles de Blois qui formoit le siège, et cette malheureuse place, après quelques jours de résistance, fut emportée d'assaut. On sait quelles idées d'horreur ce mot rappelle, et quelles suites affreuses le droit de la guerre avoit attaché à cette circonstance. Les gouvernemens monarchiques avoient confondu toutes les notions du juste et de l'injuste. On appelloit droit de la guerre ce qui étoit l'abus de la guerre ; car sans doute s'il étoit des objets qui méritassent la clémence du vainqueur, ce devoient être ceux dont la défense généreuse ne cédoit qu'à la force, et c'étoient précisément ceux-là que l'on massacroit, tandis que toute grace étoit faite, que des honneurs même étoient rendus aux lâches qui cédoient les places qui leur étoient confiées.

Les soldats de Charles de Blois entrèrent en furieux dans Quimper. Dans un instant la ville fut inondée et de flammes et de sang, et les toîts embrâsés étoient le cintre épouvantable de ce théâtre de carnage, où la mort sembloit vivre, et l'univers périr. Soldats, femmes, citoyens, enfans, tout tomboit sous le glaive du vainqueur, et souvent les cris qui se mêloient au craquement épouvantable des maisons qui s'écrouloient dans les feux, avertissoient le féroce soldat que l'incendie ne le déshéritoit pas du plaisir d'égorger. C'étoit bien alors que l'on pouvoit dire que l'oreille étoit l'œil de son ame de bronze, et que dans son délire c'étoit par elle seule qu'il voyoit ses victimes, quand l'œil à son tour fit entendre à son cœur une voix plus forte. Il eût été sourd aux prières, il ne put l'être à un
mouvement

mouvement de la nature. Le vainqueur erroit égaré au milieu des monceaux de cadavres. Une femme superbe gissoit égorgée sur les corps sanglans d'un père et d'un époux qui n'avoient pu la défendre. Un enfant à la mammelle, que le fer avoit épargné, étoit à ses côtés. Quelques soldats arrêtent les yeux sur ce spectacle. L'innocente créature étend ses foibles bras, s'accroche, se traîne, et de ses lèvres enfantines essaie d'exhumer sa nourriture du sein glacé de sa mère inanimée. O nature éloquente ! qui peut te forcer au silence ? Ta voix, quand tu le veux, domine encore sur le fracas des foudres de la guerre, comme le cri de l'aigle perce à travers le tumulte des tempêtes. Ces soldats contemplent cet enfant ; des larmes se font jour à travers leurs yeux ensanglantés ; la rage expire sur leurs fronts, le fer tombe de leurs mains, ils sont étonnés de se trouver sensibles, et ne peuvent cesser de l'être. C'en est fait, un enfant les a vaincus, et un geste de l'innocence a fermé les tombeaux.

Il n'est qu'un monstre que la nature n'atteignit jamais ; et c'est le fanatisme. Le douzième siècle vit naître, dans les cantons que nous parcourons, le plus fou, le plus imbécille et le plus opiniâtre des sectaires, Eon de l'Etoile. L'allusion grossière de son nom avec le mot latin *eum*, lui fit naître dans l'esprit qu'il étoit le fils de Dieu, et qu'il jugeroit les vivans et les morts. La doxologie que l'église employoit dans les prières qu'elle appelloit ridiculement exorcismes, étoit la preuve qu'il apportoit de sa mission. C'est par Eon, disoit-il, que les vivans et les morts seront jugés. *Per eum qui judicaturus est vivos et mortuos.* Plus l'ignorance étoit profonde, plus il trouva de sectateurs. Il falloit mépriser cette folie ; on y donna de l'importance : elle en prit, et bientôt la religion d'Eon eut ses apôtres et ses martyrs. Le nouveau Théomane distribua à ses disciples les honneurs de la cour céleste. Les uns furent les *anges*, les autres les *trônes*, ceux-ci les *chérubins*, ceux-là les *dominations*. Le Peuple du paradis sembla débordé sur le monde. Qui des deux fut le plus ridicule ou d'Eon qui rêvoit la Divinité, ou du pape Eugène III qui voulut juridiquement le condamner à passer pour un démon ? Ce pape fameux, que saint Bernard vouloit que l'empereur Conrad rétablît sur le trône pontifical par le fer, le carnage et le feu ; ce pape, dis-je, assembla gravement un concile à Rheims, pour juger un maniaque, que l'on pouvoit guérir en lui ouvrant la veine. Les questions du vicaire de Jésus-Christ sont aussi absurdes que les réponses d'Eon sont extravagantes. Il parut au milieu de cet aréopage de prêtres, appuyé sur une fourche à retourner du foin, et c'est cette fourche qui fixe l'attention du grand pontife. Que signifie ce bâton, lui demande-t-il ? C'est un grand mystère, répond Eon. « Quand les deux pointes de cette fourche sont en bas, c'est une preuve que je laisse à Dieu la jouissance des deux tiers du monde ; mais quand elles sont en l'air, cela prouve que les deux tiers du monde sont à moi, et que Dieu n'a que l'autre tiers ». Sur cette réponse *spirituelle*, le pape le déclare magicien, le condamne au feu ; mais par une *miséricorde rare*, commue la peine en une prison perpétuelle, où on le laissa mourir de faim. Il fut moins doux pour les disciples de cet insensé. Il fit périr sur le bûcher tous ceux qui ne voulurent pas se rétracter. Hélas ! les vainqueurs de Quimper-Corentin se laissèrent toucher au milieu du carnage : la nature n'a point de droits sur le cœur d'un pape. Tous les disciples de cet extravagant furent condamnés au feu.

Jusqu'ici l'on a été loin de tirer du département où nous nous trouvons tous les avantages dont il nous a paru susceptible. Si l'édilité est une partie essentielle de l'autorité départementale, les membres du département du Finistère ont un vaste champ pour exercer le leur. Tandis que l'on va chercher à grands frais dans le Nord des bois de construction, on les a ici presque sous la main. Ils restent, pour ainsi dire, morosifs sur le sol qui les fait croître. Certes, ce n'est pas la terre qu'il faut accuser d'égoïsme ; elle ne demande pas mieux que de prodiguer ses trésors à l'homme. C'est donc l'homme qui seul est coupable de n'en pas faire profiter ses semblables. Si l'on ouvroit des débouchés, si l'on rendoit, par exemple, la petite rivière de Châteaulin navigable jusqu'à Carhaix, et même plus haut, c'est-à-dire, dans un espace de dix-huit ou vingt lieues, ce qui est très-possible ; enfin si l'homme, s'occupant moins de la délicatesse des perdrix de ce même Carhaix et de la bonté des saumons de cette même rivière de Châteaulin, se tourmentoit un peu plus de l'intérêt de la chose publique, ce département ne verroit pas mourir sur son sein des richesses qu'il étale vainement aux yeux de ses habitans ; et le voyageur, au lieu de se prévenir contre l'aspect sauvage en apparence de ces cantons, devineroit que la nature sous un front sérieux cache toujours un cœur de mère. Je crois de plus que nous sommes encore bien en arrière de toutes les observations qui peuvent conduire à l'amélioration de la partie du globe que nous occupons. Sans doute la même latitude reproduit à-peu-près les mêmes accidens dans la zone qu'elle décrit ; pourquoi ne pas consulter davantage l'espèce de fertilité qu'elle protège sur des terrains qui nous sont étrangers ? C'est dans l'Ukraine, par exemple, que nous allons chercher les chanvres et les mâtures que nous employons dans nos arsenaux ; encore ne les avons-nous que de la seconde main, puisque c'est à Riga que nous allons nous en fournir, ce qui décuple la dépense : eh bien ! l'Ukraine est sous la même latitude que le Finistère, et le sol ici n'attend peut-être qu'un essai pour vous épargner la fatigue du voyage, et pour ôter à des Peuples, souvent ennemis, mais toujours avides, les ressources qu'ils tirent en vous livrant leurs denrées, et les moyens de vous nuire en vous les refusant.

Sans doute, ce n'est pas l'absence du génie qui rend les Français inhabiles aux découvertes. Quand on voit à l'entrée de la rade de Brest, à la pointe Saint-Matthieu, le fort Bertheaume, séparé des humains autant par l'art que par la nature, et que par une mécanique ingénieuse on est parvenu à renouer

Pointe de Bertaume, près Brest.

Chateaulin.

la chaîne des communications sociales au moyen d'une espèce de pont volant, ou de caisse, suspendu par deux poulies à un cable, et que le jeu d'un cylindre fait voyager dans l'air au-dessus des précipices où se brisent les flots de l'Océan, on est fondé à dire, rien n'est étranger, rien n'est impossible à ce Peuple ; et cependant, parcourez toutes les petites villes ou communes de ce département, Lesneven, Pontcroix, Châteaulin, Quimperlay, etc., vous trouverez par-tout l'industrie productive, foible, décharnée et malingre. Seroit-il vrai que l'homme ne fût mu que par deux sentimens, se défendre et se battre ? La conviction seroit affligeante. Mais, sans donner plus d'extension à cette idée qui porteroit sur la moralité, disons que sous le point de vue politique les choses devoient être ainsi ; et n'oublions pas que nous sortons d'un régime monarchique.

Aujourd'hui républicains, sous un gouvernement en entier démocratique, c'est-à-dire, dont tous les ressorts doivent mettre en action la félicité du Peuple, il faut républicaniser le territoire, Depuis le chêne auguste, dont les palmes appartiennent aux vertus, jusqu'à l'herbe rampante qui nourrit l'agneau dont la laine doit nous couvrir, il faut que tout croisse, que tout s'agite, que tout meure même pour le bonheur de tous. On montroit dans les *trésors* des maisons religieuses, à Saint-Denis, par exemple, à Marmoutiers et ailleurs, d'énormes *in-folio*. La couverture gothique en étoit bordée de plaques d'or ou d'argent. D'épais fermoirs du même métal les condamnoient à une éternelle obscurité. On vous disoit, c'est la bible d'Esdras, ce sont les *heures* de Clotaire, c'est *l'antiphonier* dont se servoit saint Louis. Eh bien! sous les rois, sous les prêtres, le livre de la nature ressembloit à ces *in-folio*. Les *fermoirs* d'airain qu'ils y avoient mis ne s'ouvroient jamais. C'est à la République à les briser.

NOTES.

(1) Ce Constance, fils d'un cabaretier de Céphalonie, fut un aventurier, dont Louis XIV malgré tout son orgueil, et ses ministres malgré leur sagacité *si vantée*, furent la dupe. Il devint à force d'intrigue, premier ministre ou *bacalon* du roi de Siam. Pour échapper aux orages attachés à ce rang élevé, il voulut appeler les Français à Siam. Pour en venir à bout, il joua tout à la fois, et son maître, et Louis XIV. Il persuada à l'un, que le héros de Versailles avoit envie de s'allier à lui, et l'aideroit dans des conquêtes imaginaires dont il amusoit son ambition, et le détermina à lui envoyer des ambassadeurs. Il fit persuader à l'autre, que le roi de Siam avoit envie de se *faire chrétien par estime pour lui*, et de négocier un traité de commerce entre les deux nations. Les deux tyrans eurent la sottise de donner dans le panneau. Le roi de Siam se crut quelque chose, parce qu'il se trouvoit en relation avec un *monarque* dont la flatterie débitoit tant de merveilles. Le roi *Dieu-Donné* se crut beau-

coup plus, parce que quelques esclaves venoient de trois mille lieues pour l'encenser. Sa *politesse gourmée* rendit au Siamois la visite qu'il lui avoit fait faire. Chaumont et l'abbé de Choisi furent en pompe annoncer à l'autre bout du globe, que le prétendu souverain de la France étoit un imbécille; qu'en résulta-t-il ? la perte de quelques millions pour la France. Un nouvel ambitieux plus adroit que Constance et ses deux dupes, *Pitracha*, brouilla les Français avec le *bacalon*, le fit mourir dans les tortures, détrôna le roi de Siam, se mit à sa place et renvoya les ambassadeurs un peu honteux, apprendre à Louis XIV qu'on se moquoit de lui à Siam tout aussi-bien qu'en Europe.

(2) La scélératesse a toujours été le caractère de la politique des Anglais. Le gouvernement perfide et lâche de ces insulaires a plus d'une fois tenté d'incendier le port de Brest. Il est une famille de *lords* en Angleterre, que l'échafaud semble s'être spécialement réservé. Ce sont les *Gordons*: de père en fils, ils sont morts par le supplice. Un de ces Gordons a voulu dans ce siècle, mettre le feu aux magasins de Brest. Il y passa quelques mois pour méditer son crime, et corrompit un soldat pour l'aider à l'exécuter. Ce Gordon étoit jeune, grand, bien fait et beau; les femmes en étoient folles. Quand il fut arrêté et conduit au supplice, il y marcha à pied, en habit de velours noir et en écharpe rouge; il saluoit à droite et à gauche. Toutes ces *dames* disoient, *quel dommage !* il n'y en avoit pas une seule qui se souvînt que cet homme avoit pu causer à la France une perte d'un milliard. Ce mot *quel dommage*, étoit un avant-goût de Coblentz.

(3) Ces officiers de marine vivoient mal avec les officiers de terre. Il ne faut pas en conclure que ces derniers

en général valussent mieux. Leur goût pour la licence étoit à-peu-près le même. C'est à cette corruption de mœurs que l'on a toujours attribué le fameux incendie de Rennes, dont nous avons donné la description dans le département d'Ille et Vilaine. Un colonel du régiment alors appellé *Auvergne*, avoit une maîtresse dont le luxe révoltant insultoit à toute la ville de Rennes. Le carrosse de cette fille s'étant arrêté devant une boutique, et la portière en étant restée ouverte quelques instans, quelques jeunes gens jettèrent un chat mort dans la voiture. Le colonel jura de s'en venger, et l'incendie éclata peu de tems après. Si on n'eut pas des preuves matérielles du crime du colonel, au moins le soupçon en existe-t-il encore, et il est rare que le soupçon général ne soit pas une preuve. Ce soupçon fut tel que depuis, le ministère de Versailles qui n'avoit pas la pudeur de punir un colonel, n'a pas eu le courage d'ordonner au régiment d'*Auvergne* de repasser même à Rennes.

VOYAGE
DANS LES DÉPARTEMENS
DE LA FRANCE,

Enrichi de Tableaux Géographiques et d'Estampes;

PAR les Citoyens J. LAVALLÉE, ancien capitaine au 46e. régiment, pour la partie du Texte; LOUIS BRION, pour la partie du Dessin; et LOUIS BRION, père, auteur de la Carte raisonnée de la France, pour la partie Géographique.

L'aspect d'un Peuple libre est fait pour l'univers.
J. LA VALLÉE, *Centenaire de la Liberté*. Acte Ier.

A PARIS,

Chez Brion, dessinateur, rue de Vaugirard, N°. 98, près le Théâtre-Français.
Buisson, libraire, rue Hautefeuille, N°. 20.
Desenne, libraire, galeries de la maison de l'Egalité, N°s. 1 et 2.
Lesclapart, libraire, rue du Roule, n°. 11.
Et au Bureau de l'Imprimerie, rue du Théâtre-Français, N°. 4.

1794.
L'AN SECOND DE LA RÉPUBLIQUE.

AVIS.

L'assassinat de LEPELLETIER et de MARAT, deux Estampes faisant pendant, gravées d'après les tableaux de Brion, peintre, éditeur et dessinateur de cet ouvrage. A Paris, chez BRION, rue de Vaugirard, N°. 98; et chez BANCE, rue Saint-Severin, N°. 115; prix 6 livres chaque en noir, et 12 livres en couleur.

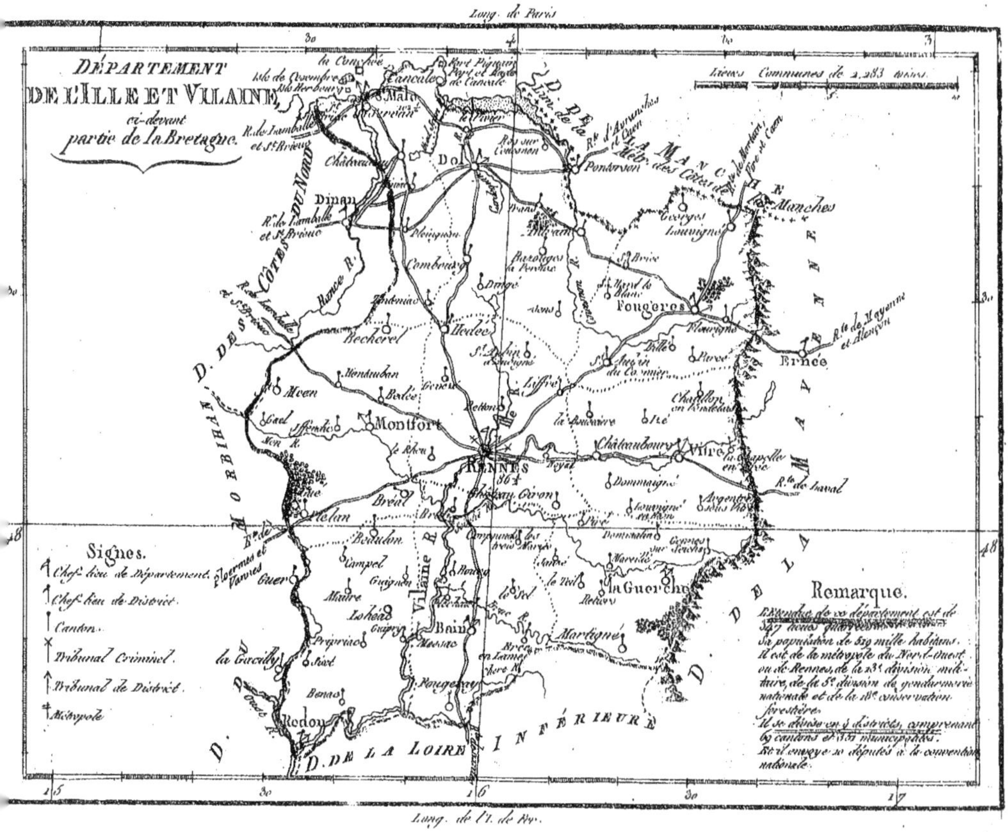

Long. de Paris
DÉPARTEMENT
DE L'ILLE ET VILAINE,
ci-devant
partie de la Bretagne.
Lieues Communes de 2.283 toises.
Signes.
Chef. lieu de Département.
Chef. lieu de District.
Canton.
Tribunal Criminel.
Tribunal de District.
Métropole
Remarque.
L'Etendue de ce département est de
347 lieues quarrées
Sa population de 519 mille habitans.
Il est de la métropole du Nord-Ouest
ou de Rennes, de la 13e division mili-
taire, de la 5e division de gendarmerie
nationale et de la 18e conservation
forestière.
Il se divise en 9 districts, comprenant
69 cantons et 351 municipalités.
Et il envoye 10 députés à la convention
nationale.
RENNES
St. Malo
Dol
Dinan
Fougères
Vitré
Montfort
Redon
la Guerche
Bain
D. DE LA LOIRE INFÉRIEURE
Long. de l'I. de Fer.

VOYAGE
DANS LES DÉPARTEMENS
DE LA FRANCE.

DÉPARTEMENT DE L'ILLE ET VILAINE.

Lorsque les mêmes loix, le même gouvernement, les mêmes usages, les mêmes mœurs, les mêmes opinions enfin vont grace aux principes de l'égalité, niveler tous les individus dans l'immense étendue de la République française, peut-être ne seroit-il pas indigne de la politique d'examiner si tous les peuples qui composent la masse d'un même état ne devroient pas, sous le même point de vue, être soumis à la même langue : qu'un *roi* tirât vanité de cette diversité d'idiômes répandus sur la surface des pays nombreux que son orgueil s'imaginoit tenir sous sa dépendance, je le conçois. Lorsqu'il entendoit, soit à sa cour, soit en voyageant, les langages divers se heurter pour ainsi dire par leur dissemblance, son esprit superbe s'aggrandissant involontairement les distances, il se croyoit *souverain* du monde, au lieu de l'être d'un seul *royaume*, et le disparate de ces mêmes langages doubloit l'énergie ou de son despotisme ou de sa folie, en décuplant dans son imagination la futile illusion de sa puissance prétendue. Mais par la raison inverse, peut-être seroit-il utile à la liberté même que dans une grande République où se rencontrent unité de causes et de principes, il y eût également unité de moyens et d'effets : et à coup sûr la langue tient au moins à l'unité de moyens. Certes, toutes les langues ne réunissent pas la même énergie pour exprimer la même idée. Il ne faut à celle-ci qu'un mot, tandis que telle autre aura besoin d'une circonlocution pour exprimer la même chose. Or, s'il est de fait que la langue soit l'expression de l'énergie morale, peut-être ne disconviendra-t-on pas que l'énergie physique est l'expression de la langue elle-même. A mon avis donc la langue est l'intermédiaire entre l'énergie morale et l'énergie physique. Plus cet intermédiaire sera lent dans son opération, plus il sera tortueux, ou obscur, ou lâche, ou diffus, plus il portera atteinte à l'énergie physique ; et de deux hommes à parité d'énergie morale dont l'un parleroit une langue expressive, laconique et riche de sa briéveté, et dont l'autre parleroit une langue prolixe et pauvrement abondante en mots insignifians, certainement ce dernier agiroit avec moins de force, certainement avec moins de vélocité, peut-être avec moins de courage, quoique métaphysiquement il fût doué de la même portion d'énergie intellectuelle que celui dont la langue seroit plus expressive.

D'après cette hypothèse, si toutefois ce n'est pas une vérité, on peut concevoir de quel danger la diversité des langues pourroit être dans une République, et quelle incohérence cela mettroit à la longue dans les rouages de la machine ; car si l'impulsion donnée dans le gouvernement politique, émane d'une langue essentiellement appellée langue nationale, et qu'elle arrive dans tel département où l'idiôme d'usage sera plus laconique même que sa langue nationale, tandis que dans tel autre département il sera infiniment plus lâche, et que l'on m'accorde que la langue ait une grande influence sur l'actif de l'homme, on conviendra que le mouvement politique aura un mouvement de rapidité dans telle partie, tandis que dans telle autre la marche sera infiniment plus lente, et que l'unité d'action sera détruite par le fait.

Loin de convenir que le climat influe sur le moral de l'homme, ce moral est le même par-tout. La différence ne vient pas du ciel qu'il habite, mais de la langue qu'il parle. Les préceptes tacites, gravés par la nature, sont les mêmes dans tous les cœurs ; c'est la façon de les développer qui n'est pas la même. Les langues ou les délaient, ou les précisent ; de là les mœurs des nations reçoivent leurs nuances bien plus du langage que du climat. Je ne verrois pas de raison pourquoi l'Italien et l'Espagnol, placés tous deux sous un ciel brûlant, l'un seroit grave et lent, tandis que l'autre seroit vif et cauteleux. Mais si le climat ne m'explique pas cette raison, la langue m'en donne la solution ; dans l'un, majestueuse, sonore, prépondérante, ampoulée même ; dans l'autre, légère, insinuante, fine, apte même à la séduction : ils doivent agir comme ils parlent. Dira-t-on qu'un Germain, transplanté au Pérou, contractera la vivacité d'un Péruvien, ou qu'un Indien, conduit chez les Lapons, prendra leur apathie ? Non, leur langue les y suivra. L'Allemand sera toujours pesant dans les champs du Potose, de même que les métaphores accompagneront l'Indien sur les glaces du Kamschatka. Est-ce le climat qui rend ceux connus jadis sous le nom de Languedociens, de Provençaux, de Bretons, si disparates entre eux ? Non, toute la magie vient de la langue. C'est d'elle que dérive la rudesse du Provençal, l'amabilité du Languedocien, l'âpreté du Breton. Et s'il n'est rien que la traduction n'affoiblisse, n'altère, ou même ne dénature, n'est-il pas facile de sentir que pour l'unité de gouvernement, il faut qu'il y ait unité de langue (*).

―――――――――――――――――――――

(*) Le hasard a fait que j'avois commencé le numéro de ce Voyage la veille que Barrère lut à la Convention nationale son excellent rapport sur la nécessité de l'uniformité de la langue française dans toute la République. Je suis flatté de m'être rencontré avec lui. C'étoit au législateur à l'envisager, comme il l'a fait, sous le point de vue politique : c'étoit à l'historien à le considérer du côté des avantages moraux, et c'est ce que j'ai tenté. Sous l'ancien régime, il me parut toujours souverainement ridicule que l'on tirât vanité d'entendre toute l'Europe parler Français, et que l'on entretînt, avec une sorte de ténacité, l'habitude des différens idiômes en France. On se servoit des graces de l'esprit pour étouffer la raison. On conservoit le Languedocien, parce qu'il étoit plein de charmes ; on n'osoit toucher au Provençal, parce qu'il avoit été la langue des Troubadours ; on respectoit le Bas-Bre-

C'est en entrant dans le département de l'Ille et Vilaine que ces réflexions étoient permises. Il est cependant l'un de ceux formés de la ci-devant province de Bretagne, où l'on parle le moins le Bas-Breton. A peine s'y trouve-t-il sept à huit communes où il soit en usage.

Ce Bas-Breton est la véritable langue Celtique, conservée dans toute son intégrité; et le nom d'Armorique que ces cantons portèrent long-tems, et dont les poëtes seuls ont aujourd'hui conservé l'usage, comme plus sonore que la dénomination de Bretagne, est lui-même un composé de trois mots de cette langue Celtique, *Armor i ke*, qui veut dire mot à mot ceux qui habitent le bord de la mer.

L'ignorance des écrivains, ou peut-être l'erreur des copistes, ont pu seules répandre quelque doute sur la véritable orthographe de ce nom. Quelques-uns ont écrit *Aremonica*, Zozime dit *Armorichæ*, et Procope écrit *Arborychæ*; mais César et Hirtius prononçoient et écrivoient *Armorica*. Et c'est sur-tout à l'autorité du premier que l'on doit s'en rapporter; César appelloit villes Armoriques, *universis civita-*

---

ton, parce que c'étoit une langue mère; pendant qu'on chantoit Alcimadure à l'Opéra, on prêchoit ailleurs en Auvergnat; et les prêtres et les arts couvroient d'un voile religieux, ou d'un tissu de fleurs, un des plus solides arc-boutans du despotisme, en ce que, où les langues diffèrent, l'homme est moins communicatif, la fraternité plus reculée, les distinctions moins ridicules, et les lumieres plus pâles.

tibus quæ Oceanum attingunt quæque Gallorum consuetudine Armoricæ appellantur. Ce témoignage, ainsi que celui d'Hirtius, qui s'exprime à-peu-près dans les mêmes termes, prouve que ce nom d'Armorique étoit spécialement donné à toutes les villes qui se trouvoient à cette extrémité des Gaules, vers la mer, et désavoue ceux qui étoient tentés de croire qu'il se rapportoit à toutes les villes de la côte, depuis l'Espagne jusqu'aux bouches du Rhin.

La forme que la ci-devant Bretagne a reçue de la nature, et sa pointe qui s'avance dans la mer, lui ont fait donner par quelques-uns le nom de *Cornu Galliæ*, d'où s'est à la longue composé le nom de Cornwaille. Sanson prétend cependant qu'il faut étendre la dénomination d'Armorique à ce que l'on appelloit la seconde Lyonnoise, qui fut ensuite divisée en seconde et troisième, ensorte que d'après cette opinion, Rouen et Tours auroient été comptés dans l'Armorique.

Si une langue âpre et sauvage dans ses inflexions, mais belle, dit-on, par sa précision et son laconisme, distingue les ci-devant Bretons des autres Français qui les entourent; si l'aridité des landes, un ciel nébuleux, et des vallons silencieux et déserts, contrastent avec les fertiles campagnes de la Normandie, ou les rives parfumées de la Loire, qu'il faut parcourir avant que d'arriver dans la ci-devant Bretagne ; le caractère des Bretons ne tranche pas moins avec celui des peuples qui les avoisinent. Ici ne se retrouvent plus ni la finesse des *Manceaux*, ni le calme politique des *Normands*, ni la voluptueuse nonchalance des *Tourangeaux*. En général en *Bretagne* l'homme est meilleur à connoître qu'à peindre. Il est aussi difficile de rendre son portrait aimable, que de ne pas le trouver aimable quand on pense à faire son portrait. C'est ainsi que la nature plaît à l'homme qui peint un paysage, sans que le paysage plaise à l'homme qui n'a pas connu la nature. Le *Breton* est franc, loyal; mais sa franchise le rend brusque, et sa loyauté le rend colère. Il s'irrite par amour de la vérité, et c'est une maîtresse pour laquelle il se bat plus facilement qu'il ne la caresse. Il n'y a point de chair dans son caractère, il est tout en nerf. Il est d'une ténacité rare dans ses projets, dans ses opinions et dans ses affections. Il ne filtre pas à travers les obstacles, mais il les enjambe sans les appercevoir. Un courage imperturbable doit être et est en effet le résultat de ce concours de qualités morales : aussi la guerre, et plus encore la mer, dont les périls présentent un front plus formidable, sont les métiers qui l'attirent davantage.

De ce goût, que les ci-devant Bretons semblent avoir de prédilection, pour le métier de la mer, vient l'inculture que l'on remarque dans divers cantons de cette partie de la République : mais comme elle se fait bien moins sentir dans le département d'Ille et Vilaine que dans les autres départemens formés de la ci-devant province de *Bretagne*, nous remettrons à en parler lorsque nous les parcourrons.

L'histoire nous a conservé les différentes dénominations des peuples qui, vers les premiers tems de

Rome, habitoient ces contrées : tels sont les *Rennois*, dont la capitale s'appelloit alors *Condaté*, les *Nantois*, dont la ville se nommoit *Condivia*, les *Osiniens*, dont la ville étoit *Vorgan*, les *Curiosolites* et les *Diolites*, qui occupoient le canton où est Dol aujourd'hui ; et enfin les *Veneti*, dont la ville se nommoit *Dariorig*. On croit que c'est à ces derniers que Tite-Live rapporte l'honneur d'une conquête en Italie, sur l'état de Venise, et où Bellovèse les commandoit. Il place cette conquête sous l'année 164 de la fondation de Rome.

L'amour de la liberté se retrouve souvent dans l'histoire de la ci-devant Bretagne, et nous montre dans tous les siècles les Bretons indociles au joug. César les soumit par ses lieutenans, mais bientôt ils secouèrent les chaînes que Rome leur faisoit partager avec le monde. Il fallut que ce tyran, si cruellement vanté pendant tant de siècles, et le seul peut-être qui ait rendu l'histoire esclave du fond même de son tombeau, fît marcher contre eux des forces formidables pour les remettre sous le joug. Ils défendirent leur liberté avec énergie, et Rome, pour ainsi dire, les accabla plutôt de son poids énorme qu'elle ne parvint à les enchaîner.

Ils restèrent dans cette espèce d'affaissement jusqu'au regne d'Honorius. Alors l'énorme colosse de la grandeur romaine, lézardé dans toutes ses parties, et n'offrant plus aux yeux de l'univers que l'image de ces monumens superbes, dont le tems a dégradé les bases, il étoit facile aux nations, amies de la liberté, d'en déplacer quelques ruines pour y fonder les autels de leur gloire et de leur puissance nouvelles, et les Armoricains ne furent pas les derniers à concevoir la possibilité de ce projet et à l'exécuter. Leur insurrection eut un caractère formidable ; toutes les garnisons romaines furent ou chassées, ou massacrées. Le trop foible empereur d'Occident éprouva bien à cette nouvelle la rage naturelle aux tyrans contre les hommes libres, mais, plus grande que son pouvoir, elle ne servit qu'à doubler son supplice sans favoriser sa vengeance. Les légions romaines, trop disséminées pour pouvoir contenir à-la-fois tout ce qui échappoit au sceptre des Césars : des généraux, ou ignorans, ou las eux-mêmes de la tyrannie, où qui, plus scélérats souvent que le despote qu'ils servoient, travailloient bien plus à le renverser du trône pour s'y placer eux-mêmes, qu'à relever la splendeur d'un empire dont l'intérêt ne les touchoit que foiblement : toutes ces raisons unies servirent les Armoricains ; et si l'on fit marcher contre eux quelques forces, elles servirent bien plutôt à les entretenir dans le desir de conserver leur liberté nouvelle, qu'à la leur ravir tout-à-fait.

Telle étoit la face que présentoit l'Armorique, lorsqu'un nouveau peuple vint se doubler sur les indigènes, et n'ayant pour toute fortune que la haine de l'oppression qu'il fuyoit, apporta un nouveau nom et une force nouvelle à ces contrées. Mais avec lui arrivèrent la religion romaine et le fanatisme qui la suit, et cette époque, qui fait honneur à l'hospitalité armoricaine, n'en doit pas moins être comptée au nombre de ses calamités.

Une révolution s'étoit opérée en Angleterre, alors Grande-Bretagne. Les Bretons, long-tems en guerre contre les Pictes et les Scottes, aujourd'hui Ecossois, avoient appellé à leur secours des peuples du continent appellés Saxons. Insensiblement les protecteurs s'érigèrent en maîtres, et bientôt oppresseurs, ils donnèrent un grand exemple du danger pour une nation d'introduire des étrangers chez elle pour la soutenir dans ses droits. Les malheureux Bretons, devenus esclaves, de maîtres qu'ils prétendoient être, ne virent plus de salut que dans l'émigration, et fuyant l'oppression que leurs vainqueurs leur faisoient éprouver, après avoir eu la foiblesse de se laisser dépouiller, tentèrent de dépouiller les Armoricains pour s'indemniser de leurs pertes. C'est ainsi que l'injustice, que l'on n'a pas le courage de repousser, vous accoutume à devenir injuste vous-même.

Reilh, prince Breton, fut le premier qui passa dans l'Armorique, et bientôt il y fut suivi par une foule de ses compatriotes fugitifs. Ils y furent reçus d'abord avec humanité; mais leur nombre s'accroissant d'une manière allarmante, les Armoricains s'apperçurent du danger où leurs nouveaux hôtes mettoient leur liberté, et tentèrent de les éloigner. Il n'étoit plus tems. Les Bretons s'emparèrent de la côte, alors nommée *Dumnomée*, et s'y maintinrent malgré les Armoricains, et même malgré les Romains, que ceux-ci avoient appellés à leur secours.

De réfugiés, ils devinrent bientôt conquérans, et

ayant à leur tour obtenu l'alliance des Romains, ils se donnèrent pour chef un nommé Riothime, et sous sa conduite battirent les Visigoths et leur roi Euric, qui vouloit les empêcher d'aller joindre les Romains dans la Bourgogne. Ce Riothime paroît être le premier des *ducs* de Bretagne.

Quoique quelques-uns de ces ducs aient pris le titre de roi, les Bretons furent, au moins pendant long-tems, en possession d'une grande liberté. Quand les Francs s'emparèrent des Gaules, les Armoricains se soumirent à eux, mais les Bretons échappèrent à cette bassesse, et formèrent un état indépendant sous le régime de ces ducs. Il paroît que d'abord il y en eut plusieurs en même-tems, et que ce peuple nouveau s'étoit divisé en différentes peuplades, qui chacune avoient un chef. A la longue ces chefs, ambitieux comme tous les hommes de leur espèce, se dévorèrent tour à tour au prix du sang de ceux qu'ils commandoient et qui avoient la simplicité de s'entre-égorger pour la vanité de quelques hommes. C'est ainsi, par exemple, que nous voyons dans les premiers tems de l'histoire de Bretagne, un certain *Canor*, comte de Cornwaille, égorger trois de ses frères et arrêter un évêque de Vannes, appellé *Macliau*, qui leur avoit donné retraite; et ce même Macliau appeller à son secours *Cornos*, autre prince Breton.

Alors se fondèrent les évêchés de Léon, de Dol, de Tréguier, de Kimper; et à mesure que le chandelier sacerdotal s'allume, les crimes des ducs ou rois qui les protègent, s'amoncèlent, et leur conduite, aussi barbare que leurs noms, nous montré des assassins, des incendiaires et des parricides dans les *Judual*, les *Judicaël*, les *Budic*, etc.

Les imbécilles et longues discussions des évêques, les prétentions ridicules des rois français de la seconde race sur ce pays, et les droits de souveraineté que les *ducs* de Normandie voulurent s'arroger long-tems sur les *ducs* de Bretagne, voilà les points *importans* qui en occupent l'histoire pendant plusieurs siècles : et du peuple, pas un mot. Et si nous ne retrouvions pas dans les Bretons d'aujourd'hui ce même esprit d'indépendance et de liberté qui distinguoit les premiers Bretons qui s'établirent sur les côtes de l'Armorique, nous n'aurions pas, graces aux historiens, la moindre filiation du caractère et des mœurs de cette nation. En revanche, ils ne nous ont pas fait grace d'un seul mot des disputes scholastiques de *saint* Brieuc, de *saint* Samson, de *saint* Authucius, etc. Nous savons à ravir que tel évêque de Tours refusa le *pallium* à tel évêque de Nantes ; nous savons que Richard de Normandie reçut *la foi* et hommage de Geoffroi de Bretagne, et tant d'autres choses si *utiles* à l'humanité, que l'historien Dudon, doyen de Saint-Quentin, et après lui, le père Lobineau, ont commentées, écrites et discutées avec *tant de profondeur*. Pauvres humains ! aviez-vous donc besoin que tant de gens écrivissent pour vous arracher au besoin de lire ?

D'erreurs en erreurs et de crimes en crimes, ces ducs descendirent depuis 458, à peu près, jusqu'en

1491 ; où Anne de Bretagne, bien digne de clorre cette longue liste de scélérats ou d'imbécilles, épousa Charles VIII, et porta la Bretagne à son époux, comme s'il étoit dans la nature et au nombre des choses possibles qu'une femme pût porter par héritage une nation au pouvoir du monarque d'une autre nation ; et voilà comme l'homme, en oubliant ses droits, donne des droits à ceux qui méconnoissent les siens.

C'est à l'époque de la vie de cette femme que les Bretons durent le malheur de perdre l'ombre de liberté qu'ils avoient au moins conservée sous leurs ducs, et que peut-être la France dut le bonheur d'échapper au joug humiliant de la maison d'Autriche. Si elle eût épousé réellement Maximilien d'Autriche, à qui elle avoit été promise, et qui déjà l'avoit épousée par procureur, et qu'elle lui eût porté pour dot la Bretagne, il est à présumer que les évènemens qui suivirent le règne de Louis XII, son dernier mari, auroient pris un caractère de danger d'une toute autre importance, et que l'ambitieux Charles-Quint auroit eu un avantage bien plus marqué dans ses éternels démêlés avec François Ier ; et, certes, si par ce mariage la maison d'Autriche fût parvenue à renverser les Valois et à monter sur le trône de la France, expression favorite *des rois* que la philosophie leur toléroit, parce qu'elle annonçoit que l'on pouvoit les en faire descendre, certes, dis-je, la liberté de la France sommeilleroit encore dans l'avenir ; car avec la maison d'Autriche seroient arrivées sa politique ténébreuse, l'ignorance qui l'auroit servie, et l'inquisition qui l'auroit consacrée.

Le mariage d'Anne de Bretagne avec Charles VIII, que les profonds politiques aux yeux de taupe regardèrent long-tems comme un chef-d'œuvre de l'adresse du gouvernement d'alors, ne fut donc dans le vrai que la première élaboration de la future liberté de la France ; et les Bretons, que ce mariage fit long-tems murmurer, firent dès-lors, sans s'en douter, les premiers pas vers la libération de l'Europe.

Cette femme, qui n'eut que le masque des connoissances sans en avoir la profondeur, et qui possédoit beaucoup plus des vices des femmes de son espèce que des vertus de son sexe, fit la clôture de cette longue race de ducs de Bretagne, qui ne furent pas meilleurs que les autres soi-disant souverains, mais dont les vices furent moins évidens, parce que les vertus du peuple furent comptées pour quelque chose pendant leur gouvernement. Les Bretons, réunis à la France, conservèrent plusieurs formes de leur régime, entr'autres les assemblées de leurs états à époques fixes : simulacre de souveraineté populaire qui dans le fond n'ajoutoit rien peut-être au bonheur de la nation, mais qui tout au moins étoit la cendre glacée qui couvoit l'étincelle des révolutions.

La bravoure, l'un des attributs distincts du caractère des Bretons, avoit enraciné chez eux plus qu'ailleurs les préjugés de la noblesse. On est facilement enclin à un sentiment de respect pour les actions héroïques. Les *nobles* Bretons, conservant d'âge en âge une sorte de ressentiment d'avoir vu la couronne ducale

ducale passer à un prince étranger, et forcés de reconnoître une cour qu'ils partageoient avec d'autres peuples, tandis que pendant nombre de siècles leur pays en avoit eu une indépendante, se tinrent toujours éloignés de la cour de France, et moins courtisans, parce qu'ils étoient eux-mêmes plus courtisés, conservèrent, ou pour mieux dire, contractèrent une sorte d'âpreté de caractère, une certaine rudesse de mœurs, qui sembloit les rendre moins méprisables qu'ailleurs. La crainte de perdre leurs privilèges leur donnoit un certain masque de patriotisme qui les rendoit moins odieux au peuple; et comme leurs intérêts se trouvoient ainsi confondus avec ceux de leur nation entière, ils avoient souvent à la bouche ces mots d'intérêts et d'indépendance nationale, et leur fierté même maintenoit leur apparente popularité. Cette *noblesse* avoit eu d'ailleurs une adresse ici qu'elle n'avoit point eu ailleurs. Ailleurs elle sembloit dédaigner la magistrature; au contraire, ici, elle avoit accaparé la magistrature. C'étoient les familles, qu'un ridicule usage avoit bassement désignées par l'épithète de haute distinction, qui siégeoient au parlement; et si ailleurs les aînés *nobles* mettoient leur gloire à occuper les charges militaires, au contraire, en Bretagne c'étoient les aînés *nobles* qui tiroient vanité d'être sénateurs : de façon que si, dans le reste de la France, les parlemens tenoient l'intermédiaire entre la *haute noblesse* et la classe que son insolence appelloit la roture, en Bretagne cette balance n'existoit pas, et c'étoit cette *haute noblesse* qui tenoit, pour ainsi dire, entre ses mains le droit

B

de vie et de mort sur le reste des citoyens. On sent toute l'horreur d'une telle prérogative et à quels dangers elle exposoit le peuple breton, puisque, par cette politique habilement conçue, *la noblesse* étoit devenue tout à-la-fois et son maître, et son juge. Aussi, peut-on dire que si l'égalité, ranimée par la révolution, fut réparatrice pour le reste de la France, elle fut vengeresse pour le peuple breton, d'autant plus victime *de la noblesse bretonne*, qu'il s'en appercevoit moins, parce qu'elle avoit eu l'art de mettre sur ses yeux le bandeau des formes civiques.

En effet l'assemblée, que l'on appelloit états de Bretagne, n'étoit qu'une vaine cérémonie que le gouvernement monarchique avoit l'air de respecter profondément, mais qui dans le fond n'étoit pour lui qu'une manière différente d'asseoir l'impôt ; car dire je vous ordonne de me payer telle chose, ou je vous ordonne de me donner telle chose, l'effet est le même, il n'y a que le moyen qui diffère. Les états s'assembloient donc pour dire, nous donnons *au roi* tant, et, certes, ce n'est pas là une fameuse prérogative. La prérogative auroit été de pouvoir dire, nous nous assemblons pour refuser tant au roi.

Rien n'étoit plus étonnant et plus dégoûtant à-la-fois que le mélange du luxe effréné et de l'excessive misère, du plus insolent orgueil et de la plus basse crapule dont la tenue de ces états présentoit le tableau. Ces états duroient communément cinq ou six semaines. D'un bout de la Bretagne à l'autre accouroient tous les *gentilshommes* bretons, espèce de gens la plus maussade, la plus ridicule, la plus sale et la plus arrogante parmi les gens de cette caste. Une orgueilleuse misère qui, sans rien tenir de la vertu, ne vouloit rien céder au travail, étoit le partage de ces hommes, et sembloit disputer à leur ignorance et leur abrutissement l'honneur de les entourer du mépris des hommes puissans. La plupart, sans chapeau, sans habit, sans chemise, sans souliers, mais non pas sans épée, ils mendioient dans l'anti-chambre du gouverneur, ou du président des états, ou du syndic du clergé, l'honneur de se griser à leur table ou dans leur office. A jeun, ils tendoient la main à l'écu qu'on leur donnoit pour aller vociférer dans la salle de l'assemblée; ivres, ils croyoient avoir conquis le monde, ils croyoient que les lauriers ne croîtroient plus que pour eux, quand ils pouvoient dire à leur voisin de chopine, le gouverneur a passé, je ne lui ai pas ôté mon chapeau au moins! car son trisaïeul a épousé une roturière. Quel spectacle que la salle à manger d'un président des états! comment peindre *messieurs les gentilshommes*, trop pauvres pour avoir un lit en ville, couchés sur des bancs, sur des chaises, quelquefois sur la table même à manger, et plus souvent dessous; grâce au vin qu'ils avoient avalé à longs traits, parce qu'il ne leur coûtoit rien; les uns ronflant au milieu des débris du souper de la veille; les autres embourbés et endormis dans la fange d'une digestion pénible; ceux-ci plus robustes et vainqueurs du sommeil, consultant le fond de toutes les bouteilles vidées, pour y trouver encore quelques gouttes oubliées par les buveurs; ceux-là étendus sur le plancher, où pendant la nuit les laquais en jurant les avoient jonchés de cartes déchirées ; par-tout les haillons de la misère souillés dans la plus sale débauche, et par-tout le glaive nobilier affichant que ces hommes, qui n'en avoient pas même la figure, se prétendoient au-dessus du reste des humains. Dans le sallon, la scène avoit un caractère d'opprobre plus grand encore peut-être. Là brilloit l'opulence dans toute sa difformité. Autour d'une table immense, l'avarice et la fureur du gain avoient veillé toute la nuit, les yeux fixés sur la carte ou le dé qu'une dupe ou qu'un filou agitoit dans ses mains. Le désespoir, l'horrible joie, la lassitude et les remords avoient décomposé toutes les figures ; c'étoit un peuple de harpies, recouvert de brocard qui passoit par saccades de l'espoir au tourment, du tourment à la félicité et de la félicité à l'enfer. Ce n'étoit point le rire, ce n'étoient point des cris, c'étoit un murmure sourd de mugissemens concentrés ; la friponnerie, le vol seuls y jouissoient du calme, et le plus criminel étoit celui dont le front étoit le plus serein.

Graces te soient rendues ! ô Peuple ! je viens de parcourir les deux *premiers ordres* des états, et dans ce cloaque infect de vices de tout genre, je ne t'ai point rencontré, toi, que l'on nommoit le tiers-état alors ! Si tu paroissois aux états, tu ne paroissois point à ce que l'on appelloit leurs plaisirs ; et paisible au sein de ta famille, tu laissois la noble honte de ces nuits de débauche à tes vils oppresseurs.

Rennes est le chef-lieu de ce département, et

Rennes.

nous a paru l'une des plus belles communes de la République: bâtimens superbes, unité et magnificence d'architecture, places magnifiques, rues majestueuses et larges, tout semble s'être réuni pour en faire le plus beau séjour.

Elle est divisée en ville haute et ville basse : la Vilaine la traverse ; la ville basse est située sur la rive gauche de cette rivière, et c'est la partie la plus désagréable à habiter. Occupant un sol plat et de niveau avec la rivière, elle nous a paru devoir être sujette à des inondations fréquentes, et conséquemment plus mal-saine.

La ville haute mérite en effet ce surnom, puisqu'elle est assise sur une hauteur sur la rive droite de la Vilaine, et c'est le quartier que nous vantions tout-à-l'heure. Cependant cette beauté même est le monument du plus funeste fléau, d'un incendie terrible qui, en 1720, détruisit cette ville de fond en comble. Huit cens cinquante maisons devenues la proie des flammes, ne laissèrent d'autres vestiges de leur existence que des cendres, et beaucoup d'autres furent endommagées. Jamais incendie ne s'annonça sous une forme plus épouvantable. Dans un très-court espace de tems il embrâsa toutes les maisons dans une étendue de plus de vingt-un mille six cens toises, et s'il avoit été rapide dans ses progrès, il se montra long-tems indomptable dans sa furie. Il dura depuis le 22 décembre jusqu'au 29 du même mois, et il n'est point d'exemple d'une persévérance semblable. Les édifices les plus solides furent obligés de céder à sa violence, et la fameuse tour de l'horloge, dont la vétusté bravoit encore les siècles, et dont on faisoit remonter l'origine à un temple des faux dieux, s'écroula calcinée au bout de trois jours. La cloche que renfermoit cette tour tomba dès le second jour de l'incendie, et la violence du feu en fit fuser la fonte, dont les morceaux se retrouvèrent ensuite sous les cendres. On s'en reservit depuis pour une cloche nouvelle dont les dimensions furent de huit pieds de haut sur six de large, et de huit pouces d'épaisseur, et dont aujourd'hui l'on a fait un plus digne usage en la transformant en canons.

Ce fut sur les immenses débris de cette ville détruite jusqu'en ses fondemens, que s'éleva cette ville neuve dont nous avons admiré la majesté. La couleur grise de la pierre, ou, pour mieux dire, du grais que l'on a employé pour la bâtisse, donne une teinte sérieuse à la grace des bâtimens, et semble nuire à l'enjouement, tant il est vrai que les affections de l'ame réflètent le coloris des objets extérieurs! Toutes les rues sont tirées au cordeau sur une largeur de vingt-six pieds. L'architecture des maisons est uniforme; elles comportent toutes trois étages, sans compter les entre-sols et les mansardes.

Le *palais* où siégeoit le parlement, l'édifice appellé jadis *Hôtel-de-Ville*, le *présidial*, la maison où logeoit le *gouverneur*, alors appellée *Hôtel de Blossac*, et plusieurs autres bâtimens, méritent l'attention du voyageur. Le palais occupe toute une façade de la plus belle place de Rennes. Ce monument est vaste, élevé de quarante pieds depuis le rez-de-chaussée jusqu'au toît, et a cent quarante-quatre pieds de stase. Les dorures et les riches tapisseries ont été prodiguées pour décorer l'intérieur de cet édifice, que des juges habitèrent long-tems pendant l'absence de la justice. Presque tous les plafonds ont été peints par Jouvenet. On admire sur-tout celui de ses tableaux qui représente le mensonge démasqué. Certes, le mensonge démasqué, peint dans la salle d'assemblée d'un parlement, étoit la plus plaisante des épigrammes prophétiques qu'un peintre pût imaginer.

L'adulation, dont cependant le caractère breton ne fut pas excessivement complice, avoit élevé dans cette ville deux statues à deux hommes d'un genre de tyrannie bien opposé l'un à l'autre, Louis XIV et Louis XV. Celle du conquérant étoit à cheval et faite par Coisevox, celle du voluptueux étoit à pied et faite par le Moine. Ce n'est pas sans raison que je fais cette remarque. Il semble que le hasard s'est entendu avec la philosophie pour cacher sous le voile de ces deux attitudes l'histoire des vices de leur cœur. L'un est à cheval pour peser davantage sur cette terre qu'il aimoit à fouler, l'autre est à pied pour se rapprocher mieux de la lange dans laquelle il aimoit à se vautrer.

Sur l'un des bas-reliefs qui décoroient une des faces de marbre du piédestal de la statue équestre, la flatterie avoit sculpté Louis XIV traîné par des tritons sur les flots de la mer. Le génie de la liberté écrivit un jour au bas, que ne t'ont-ils englouti !

Celle de Louis XV ne fut inaugurée que quelques années après la maladie de cet homme, à Metz. Sans doute la mort qui n'avoit pas faim d'un tyran, étoit un miracle de la nature qui *valoit la peine* d'être célébré. L'artiste groupa autour de l'homme qui n'étoit pas mûr encore pour le Tartare, la déesse de la santé et la Bretagne personnifiées. Les flatteurs sont mal-adroits, car on auroit pu demander à l'artiste si la Bretagne grondoit ou remercioit Hygie d'avoir rendu Louis XV à la vie. Au reste, cette Bretagne qu'on avoit mise aux pieds de cette statue étoit de bronze : c'étoit la seule manière de la représenter insensible à la honte du rôle qu'on lui faisoit jouer.

Les pierres dont les rues et les places de cette commune sont pavées, méritent les observations du curieux, et l'on ne se doute sûrement pas que l'on y foule aux pieds ce qu'ailleurs on emploieroit en bijoux. Plusieurs de ces pierres sont extrêmement belles, très-variées en couleurs et susceptibles du plus beau poli. Les unes sont parfaitement semblables aux cailloux d'Égypte, les autres imitent le porphyre, le marbre, le jaspe et l'agathe orientale.

Cette ville extrêmement ancienne, jadis la capitale des Rhédoniens, fut long-tems très-petite; elle s'est insensiblement accrue, et l'on regarde aujourd'hui que les fauxbourgs sont plus grands que la cité proprement dite. L'enceinte de la ville basse est la ligne du dernier accroissement que Rennes ait reçu. Les murs de cette enceinte ont à-peu-près la largeur du terre-plain d'un rempart ordinaire, et servent de promenade pendant l'hiver, parce que l'on y est à l'abri des vents de Nord. Ces murs sont flanqués de tours rondes que l'on a couvertes de toîts de forme conique ; toutes sont presqu'encore entières, et elles sont couronnées, ainsi que les murs, de créneaux ou machecoulis. Leurs fossés ont été comblés presque par-tout, et ces murs se montrent presqu'à nud du côté de la campagne.

Les promenades de Rennes sont agréables. Il en est d'extérieures, tel que le Mail qui borde une des rives de la Vilaine ; et d'intérieures, telles que la Motte-à-Madame, et la Petite-Motte, que l'art a embellies. Elles sont l'une et l'autre de forme ovale, ceintes d'une double allée de charmilles. Il étoit aussi une autre promenade dans un jardin de moines, que l'on appelloit le Thabor.

Cette commune a bien mérité de la liberté. Une des premières elle heurta de front l'arrogance de la noblesse qui, dès le commencement de la révolution, prévoyoit sa ruine. Aucune ville n'a pris une résolution plus énergique que Rennes, lors de l'approche des brigands échappés de la Vendée, dans cette guerre de fanatisme, éternel opprobre de l'Angleterre qui la fomentoit et la soudoyoit. Il est digne de l'histoire de conserver le souvenir des jours où les habitans d'une grande commune calculèrent de sang-froid tous les moyens possibles de la destruction de leurs asyles, plutôt que de connoître la honte de courber la tête sous le joug des hommes égarés qui préméditoient l'asservissement de leur patrie. L'armée de ligne, est-il dit dans le fameux plan de défense de la ville de Rennes, attendra les ennemis en bataille hors des murs, et les habitans armés en seconde ligne lui porteront leurs secours en cas qu'elle soit entamée. Si le sort des batailles en décide ainsi, que la troupe de ligne et les habitans soient repoussés, alors on attendra l'ennemi dans les fauxbourgs, où les canons placés dans les rues, et les hommes distribués dans les maisons, feront pleuvoir la mort sur les brigands. Enfin si la fortune, opiniâtre dans sa contrariété, accorde encore la victoire aux ennemis de la liberté, alors tous rentreront dans la ville; et là, la torche à la main, livreront aux flammes toute cette vaste cité, mettront entre leur retraite et les ennemis un immense rempart de flammes et de débris, et ne leur laisseront, pour fruit de leur victoire, qu'un vaste désert que la cendre aura recouvert. L'antiquité n'offre point d'exemple qui surpasse en héroïsme cette formidable résolution, que l'amour de la patrie et de la liberté peut seule inspirer à des hommes de courage.

L'esprit et un certain sel épigrammatique est familier aux Rennois, et même aux habitans des campagnes de son territoire. Avant que la liberté eût fondé la tribune, l'éloquence s'étoit réfugiée au barreau, et il faut le dire à sa honte, elle n'y servoit pas toujours la vérité. C'est là que l'on vit souvent les avocats poursuivre et égorger, avec le glaive de la parole, l'innocence timide que sa vertu ne garantissoit pas de la criminelle oppression de l'homme puissant. Le parlement de Bretagne, fertile en causes célèbres, a vu souvent l'iniquité confier ses arrêts à la renommée, et les larmes du pauvre proclamer dans l'Europe que des grands avoient jugé leur cause. Ce fut de là que l'infortune couvrit d'un voile d'airain les jours de la Chalottais: et si Rennes enfanta le fameux jurisconsulte Desmoulins, elle nourrit aussi des avocats pour plaider les insolences du duc de Duras. Pendant une tenue d'états, ce Duras avoit dit d'un nommé Dugravier, dont on vantoit la probité, si je le voulois j'acheterois cet homme avec cinquante louis. Ce propos fut l'origine d'un procès fameux dont la suite nous rappelle un mot plaisant d'un paysan des environs, qui peint l'esprit épigrammatique que nous accordions tout-à-l'heure aux habitans de ces cantons. Les gens de cour ne croyoient pas à la probité. On vantoit devant le duc de Duras, qui tenoit les états, celle d'un nommé Dugravier. Duras dit, bon, j'acheterois cela pour douze cens francs. Le propos fut rapporté et amena un procès célèbre, mais dont les détails sont étrangers à notre ouvrage. Duras avoit pour avocat un nommé Robinet. Dans une audience qui avoit attiré une foule innombrable de spectateurs, ce Robinet, malgré ses talens, ne pouvoit parvenir à rendre bonne une mauvaise cause, et depuis long-tems fatiguoit l'auditoire par un plaidoyer insignifiant. Un paysan, justement ennuyé comme les autres, s'écrie dans un moment où le silence regnoit: fermez donc le Robinet, il n'en sort plus que de la lie. Cette plaisanterie mit fin au plaidoyer, et la gravité même des juges n'y pouvant tenir, on leva la séance.

Long-tems les amours, meurtris par les préjugés, errèrent en longs habits de deuil dans les murs de Rennes : et l'orgueil paternel aux prises avec la sensibilité filiale y fournirent de l'aliment aux génies amoureux des fictions romantiques. Quel cœur profondément atteint des passions terribles de l'amour et des sentimens plus doux de la nature, ne bénit pas la révolution au souvenir du nom de la Bedoyère ! Toute la France a connu cette aventure; et cependant il reste encore de jeunes cœurs, il est encore des êtres aux théâtres qui ne tournent pas leurs regards consolés vers les temples de la liberté et de l'égalité. Hélas! songez-vous, malheureux, que demain, que ce soir peut-être, l'amour ne vous consultera pas pour vous montrer le bonheur dans des yeux que le hasard vous offrira ? Songez-vous que sans la révolution, ce front charmant sur lequel vous verrez vos destinées écrites, recevroit les stigmates de la flétrissure par les mains superbes d'une famille arrogante ? La révolution ne vous plaît pas ! Et si elle ne fût pas venue, peut-être au moment même que vous consacrez à médire de ses bienfaits, un ministre corrompu signeroit l'ordre fatal qui vous plongeroit dans les cachots, pour venger l'insolence de vos pères outragés par votre amour! Peut-être dans ce moment même un sbire de la police arracheroit de vos bras et votre femme et vos enfans, dont les embrassemens insulteroient à la cendre fastueuse de vos aïeux. Malheureux! vous n'aimez pas la révolution ! ah ! dieux ! et la Bedoyère exista ! et pour avoir épousé une comédienne, vous vites ces infortunés époux poursuivis, persécutés, flétris, emprisonnés, parce que leurs vertus s'étoient rencontrées pour donner un grand exemple au monde ! Femmes de théâtres ! savez-vous ce que vous dites quand vous affectez l'aristocratie ? Vous dites, je n'aurois pas été digne d'être l'épouse de la Bedoyère. Vous dites, périsse le monde, pourvu que la corruption dure, pourvu que l'unique soleil soit les vices, pourvu que la masse du globe soit la licence, pourvu que l'unique existence soit le libertinage et le crime. Marionnettes à ressorts ! automates organisées ! à quoi vous servent donc les maximes que les poëtes mettent dans votre bouche ! à qui le parterre prodigue-t-il les applaudissemens qui vous rendent si fières. C'est à la fiction des vertus que vous représentez ! Ces vertus captivent donc le public ? Que n'en essayez-vous !

Le long séjour du parlement à Rennes y avoit neutralisé le commerce. On s'occupe peu de la prospérité publique, dans les lieux où l'on soumet à la discussion les intérêts des particuliers. Peut-être aussi la situation de Rennes, la difficulté des débouchés, la rivière qui l'arrose peu propre à la navigation, n'étoient pas faites pour alimenter l'industrie. Rennes étoit le séjour des grandeurs, et ce séjour n'est jamais celui des inventions. Une scène plus riche en ce genre s'est ouverte sous nos yeux quand nous sommes arrivés à Port-Malo.

Port-Malo, ci-devant Saint-Malo, est un des ports

les plus commerçans de la République. Petite, mais fertile en talens marins, les matelots de cette commune se sont élevés au premier rang en ce genre; et les premiers de la France ont franchi la mer orageuse du Cap Horn, et porté l'intrépidité française sur le vaste océan du sud. Duguai-Trouin, qui méritoit d'être né du tems de la République, et qui, sorti de cette classe que l'ignorante grandeur dédaignoit, fit trembler l'Angleterre et l'Espagne, et présagea la liberté des peuples en forçant les rois à s'humilier devant un grand homme : Duguai-Trouin vit le jour à Port-Malo, et paya par sa gloire à sa patrie la gloire qu'il lui devoit de l'avoir fait naître pour la navigation. C'est aussi le peuple dont le sein avoit nourri Labourdonnaye, et qui, plus foible que Duguai-Trouin, ternit une vie glorieuse par la manie de la noblesse. L'Europe a retenti des démêlés de ce Labourdonnaye et d'un certain Dupleix son concurrent et son successeur dans le gouvernement des Indes. Mais nul n'a jamais su l'origine de cette haine irréconciliable ; et lorsque leurs démêlés compromettoient les intérêts du commerce de la France en Asie, et que le scandale de l'emprisonnement de l'un et du faste insolent de l'autre, flétrissoit le despotique gouvernement de Versailles, qui ordonnoit l'un et mettoit l'autre à contribution, on étoit loin de penser que l'arrogance d'une femme, le libertinage de sa sœur et l'inconduite d'un jeune débauché, avoient amené les discords de ces deux hommes qui troublèrent et l'Asie et l'Europe. Labourdonnaye avoit été nommé commandant des forces

Port Malo.

maritimes de la compagnie des Indes, et se trouvoit à l'Isle-de-France lorsque Dupleix fut envoyé gouverneur à Pondichéri par cette même compagnie. Dupleix, arrivé dans l'Inde, épousa une femme du pays, dont la bêtise orgueilleuse, soutenue par la beauté, trouva le secret de maîtriser Dupleix, l'un des hommes peut-être qui avoit le plus d'esprit et de foiblesse. Cette femme avoit une sœur veuve, que des désirs effrontés et un libertinage effréné rendoient célèbre dans un climat, où la dépravation des mœurs est plus alimentée peut-être par la chaleur du ciel que par les vices du cœur.

Labourdonnaye de son côté, avant de partir de France, trop ami de la frivolité des titres, avoit épousé la fille d'un de ces êtres que l'on appelloit gentilshommes. Cette famille étoit pauvre, et la femme de Labourdonnaye avoit un frère qui joignoit aux vices de son état l'impuissance de les satisfaire. L'odieuse ressource d'une lettre de cachet en délivra sa famille et l'envoya dans l'Inde à la suite de son beau-frère. Une lettre de cachet faisoit bien changer de place; mais non pas de caractère; et cet aventurier s'embarqua avec ses défauts pour obéir aux ordres *d'un roi!* et c'est ainsi que plus de cargaisons de vices traversèrent les mers que de leçons d'humanité.

Bientôt, à l'Isle-de-France, ce jeune homme appuyant son penchant à l'escroquerie de l'espèce de prépondérance que lui donnoit la place et le crédit de son beau-frère, déroba cent mille écus à-peu-près aux négocians de cette colonie, et s'échappa un beau jour sur un vaisseau avec sa proie et parvint à Pondichéri. Doué d'une figure agréable qu'il soutenoit par le luxe qu'il empruntoit de son vol, il parut avec éclat à la cour de Dupleix. Le mot de cour est le terme technique. Qui dans le monde ne connoît pas le faste insolent que les gouverneurs européens étalent dans l'Inde pour rivaliser avec les despotes asiatiques ? La sœur de la femme Dupleix fut bientôt frappée des charmes de ce jeune étranger, et croyant satisfaire à d'autres goûts en se l'attachant par l'hymen, elle projetta d'épouser bien plus les richesses de son amant que son amant lui-même.

Tant que ce jeune homme n'avoit été que voleur, on n'avoit guère songé à faire courir après lui pour le punir ; mais projette-t-il d'épouser une créole, soudain la femme de Labourdonnaye se croit déshonorée. Son frère pouvoit être un fripon sans qu'elle en rougît, mais il va se *mésallier*, alors tout est perdu. Une frégate est armée, elle part ; il en coûte peut-être quatre ou cinq cens mille livres à la compagnie des Indes ; et pourquoi ? pour aller réclamer un mauvais sujet, à qui il n'auroit fallu qu'une rame et un banc de galérien.

L'objet de la mission ne fut pas caché, on sut que l'on venoit chercher le jeune homme pour l'empêcher de se déshonorer en épousant la belle-sœur de Dupleix. Qu'on se peigne la rage de la femme Dupleix qui s'intituloit la *reine* de l'Inde, et la fureur de sa sœur qui se voyoit arracher le fruit de sa libertine avarice. Dès-lors Dupleix se vit menacé du
ressentiment

Serrur
Vue de la porte de la Marine, du Port Malo.

ressentiment de ces deux furies, s'il n'entroit dans leur vengeance, et tout, jusqu'à la menace du poison si familier aux femmes effrénées de ces cantons, fut employé pour l'asservir à leur fureur. Il céda : et dès-lors s'établit entre Labourdonnaye et lui une guerre dont le bien public fut la victime. De là tous les malheurs de la France dans l'Inde, l'introduction des Anglais dans les comptoirs de la compagnie, les traités ruineux avec les Nababs, la perte de Madras, le siège de Pondicheri, la ruine totale du commerce, et le procès honteux de ces deux hommes, qui se termina par la mort obscure de l'un et par l'indigence bien méritée de l'autre. Qui peut calculer jusqu'où peuvent s'étendre les maux qui naissent de l'immoralité d'un seul homme ! Ayons des mœurs.

Port-Malo est une petite commune ceinte de murailles élevées qui dérobent ses maisons à la vue. Elle n'est séparée que par un bras de mer d'une autre petite commune fort agréable, que l'on nomme Saint-Servant, que l'on prendroit volontiers pour son fauxbourg. Ce port a paru d'une telle importance aux Anglais, que plusieurs fois ils tentèrent de le bombarder pour le ruiner.

Avant de parler cependant des tentatives des Anglais sur Port-Malo, il faut, pour donner un peu plus d'ordre aux évènemens hostiles dont ce département a été le théâtre, rappeller chronologiquement les différentes époques remarquables que son histoire nous présente. Il est sûr que l'indépendance de la Bretagne à l'égard de la France, la facilité

C

que les rois d'Angleterre avoient de faire alliance avec les ducs qui y *regnoient* en *souverains*, la possibilité d'y faire des descentes et de venir, en la traversant, attaquer et ravager les plus belles contrées de la France; il est certain, dis-je, que tant de raisons réunies durent ouvrir souvent un beau champ à la rivalité des rois anglais contre les rois français.

Deux politiques armèrent long tems ces deux trônes l'un contre l'autre. D'abord le désir que les rois Anglais avoient de se libérer de *l'hommage* qu'ils devoient aux *rois* français, sorte de servitude qu'ils brûloient de secouer quant à eux, et qu'ils étoient jaloux de conserver quand ils croyoient leur être dûe; ensuite l'attention que les *rois* français avoient d'entretenir et protéger tout ce qui pouvoit porter le trouble en Angleterre et diminuer les ressources d'une puissance dont ils redoutoient la concurrence. Les premiers exploits guerriers que les fastes du département d'Ille et Vilaine nous présentent, tiennent à ce second genre de politique.

Henri II, roi anglais, dont nous avons parlé plus d'une fois dans le cours de ces Voyages, vit sa vieillesse troublée par les révoltes du jeune Henri son fils. Louis VII, dit le Jeune, *roi* français, dont souvent nous vous avons peint la scélératesse, étoit bien digne de caresser dans le jeune Henri un sentiment parricide, et lui offrit toute sa puissance pour l'aider à détrôner son père, ou tout au moins à regner de son vivant. Le jeune Henri, couvert de cette protection, assembla donc facilement une armée; et telle fut toujours la dépravation de l'humanité, que tous les cœurs se portèrent vers lui et que le vieux Henri se vit abandonné ; mais si les premiers jours de la fortune d'un jeune ambitieux arrachoient les courtisans à la vieillesse d'un roi dont la tombe sembloit déjà entr'ouverte, ce vieux monarque avoit une ressource qui rappelle bientôt les méchans, et les range sous les drapeaux de celui qui la possède ; je veux dire l'or avec lequel on achète des défenseurs. Il ouvrit ses immenses trésors et prit à sa solde une armée de Brabançons. Voici mot à mot le portrait qu'un ancien chroniqueur nous a conservé de cette armée : « Ces soldats, » dit-il, étoient pillards, voleurs, larrons, infâmes, » insolens, excommuniés. Ils ardoient (brûloient) » les monastères et les églises, ils tourmentoient les » prêtres et les religieux, (il seroit très-possible que, » d'après ce récit, cette armée fût composée de très-» honnêtes gens) ils les appelloient *Cantatours*, par » dérision, et leur disoient quand ils les battoient, » *Cantatours Canter*, puis leur donnoient grands » buffes et grosses gousses ».

Le vieux Henri, convaincu qu'il n'étoit pas nécessaire qu'une armée aimât les prêtres pour vaincre, vint avec ces troupes mettre le siège devant Dol, en 1173. Tous les chefs des révoltés de Bretagne, le comte de Chester et le seigneur de Fougères s'y étoient renfermés. Le siège fut long et sanglant ; mais le vieux *roi*, qui avoit une longue expérience de la guerre, les serra de si près, fit donner à la place de si vigoureux assauts et fut si bien servi par ses compagnons brigands qu'il payoit largement, que la ville se vit enfin obligée d'ouvrir ses portes, et que les *rebelles* furent contraints de se rendre à discrétion.

En 1357, les Anglais reparurent dans ce département; Rennes éprouva leurs efforts, et ce siège fut l'époque de l'origine de la gloire de (3) Bertrand Duguesclin. Le duc de Lancastre, partisan et peut-être l'amant de la fameuse comtesse de Montfort (4), vint mettre le siège devant cette capitale de la Bretagne. Il n'en pressa pas vivement l'attaque, mais il la bloqua avec tant d'exactitude, que rien n'y pouvoit entrer, et qu'à la fin elle se vit réduite à la nécessité la plus pressante. Un habitant généreux se dévoua pour aller prévenir Charles de Blois, alors à Nantes, de l'extrême danger où se trouvoit Rennes. Il fut assez heureux pour traverser le camp ennemi sans être apperçu, et rencontra sur sa route Duguesclin, à qui il confia le sujet de sa mission. Cet homme en qui l'histoire adulatrice a plus encensé le nom et les honneurs que les talens, ou pour mieux dire dont elle a mesuré les talens sur sa noblesse et ses honneurs, plus audacieux que brave, plus aventurier que héros, rassemble aussitôt une poignée de spadassins qu'il avoit à sa solde, médite d'attaquer une armée toute entière, vient fondre sur les retranchemens anglais, étonne par sa folie, triomphe par excès de démence, renverse tout ce qu'il rencontre, met le feu aux tentes, s'empare de deux cens charriots de vivres qu'il fait marcher devant lui, et entre dans Rennes, où il est reçu comme un libérateur. Le ressentiment d'être laid avoit rendu cet homme un héros, puisque la bisarrerie des conventions humaines a voulu que l'on rommât héroïsme le meurtre, le massacre et le brigandage. « Je suis fort laid, disoit-il, et partant je ne serai jamais bien venu des dames; mais puisque je suis laid et mal fait, je veux être bien hardi ». D'où il faut conclure que si Duguesclin eût été beau, il eût été lâche sans regret. La présence d'un seul homme vaut souvent la présence d'une armée, tant l'imagination est toujours victorieuse du raisonnement ! Les Rennois avec Duguesclin se crurent invincibles. Ce fut en vain que le duc de Lancastre eut recours aux machines les plus terribles pour battre les murs, et qu'il tenta plusieurs fois les assauts; il fut obligé de renoncer à son entreprise, de lever le siège et de retourner à Londres, où la disgrace et la honte l'attendoient.

Ce duc de Lancastre n'étoit pas heureux dans ses expéditions contre la Bretagne. Vingt-un ans après, c'est-à-dire, en 1378, pour détourner l'attention des Anglais, enclins à blâmer son administration, il tenta une nouvelle entreprise contre les côtes de France : il arma une flotte considérable, mit à la voile, porta long-tems la terreur sur les rives de la Normandie, et tout-à-coup, cinglant vers la Bretagne, vint surprendre *Saint*-Malo. Cette ville se trouva heureusement abondamment pourvue de munitions de toute espèce. Dans le premier moment, le *sire* de Malestroit et quelques autres Bretons se jettèrent dans la place. Charles V envoya à leur secours *les ducs de* Bourgogne *et de* Berri, à la tête d'une armée puissante. Cet appareil formidable de défense n'en imposa point au duc de Lancastre. C'étoit surtout sur l'effet d'une mine qu'il faisoit faire qu'il comptoit pour s'emparer de la ville. Soit que le comte d'Arondel, qui couvroit ce travail avec quelques troupes, se fût vendu aux assiégés, soit qu'en effet il ne fût coupable que de négligence, toujours est-il certain que les Malouins ayant fait une sortie de nuit, le surprirent, chassèrent les Anglais de ce poste, comblèrent les travaux, éventèrent la mine, et réduisirent le duc de Lancastre à faire retraite. Vainement s'emporta-t-il contre le comte d'Arondel, il fut obligé de retourner à Londres, où cette nouvelle infortune acheva de le perdre dans l'esprit des Anglais.

Dans ce siècle, pendant la guerre dite guerre de 47, les Anglais sont revenus devant Saint-Malo dans l'intention de le bombarder. Ils comptoient employer dans cette expédition une de ces inventions que le démon de la guerre souffle à l'imagination de l'homme, quand la rage de la destruction s'est emparée de son cœur. Ils appelloient celle-ci machine infernale ; bien infernale en effet, puisque c'étoit une énorme frégate remplie de matières combustibles qu'ils comptoient diriger à l'entrée du port à la faveur du vent, et qui de cette manière, entrant sans conducteur, mais toutes voiles dehors, seroit venue se mêler déjà toute enflammée au milieu des vaisseaux enfermés dans le bassin, où elle eût porté le désordre et l'incendie, et éclatant à propos, eût lancé ses débris embrâsés jusques sur la ville, et consumé dans peu de tems tous les magasins, et peut-être la place entière ; tandis qu'une attaque combinée par terre seroit venue achever la défaite des habitans et de la garnison encore troublés de l'explosion subite de la machine infernale.

La timidité de ceux qui devoient diriger cette machine jusqu'à l'entrée du port, en empêcha le succès. Ils y mirent le feu et l'abandonnèrent trop tôt, ensorte qu'au lieu d'entrer dans le canal, elle dériva et fut s'échouer sur des rochers qui se trouvoient un peu au-delà de *Saint*-Malo même, où son embrâsement et son explosion s'opérèrent sans danger pour les assiégés.

Il ne faut pas passer sous silence un évènement purement physique que l'incendie de cette machine infernale occasionna, parce qu'il favorisa les Français pour chasser les Anglais qui avoient débarqué. Il avoit fait une de ces superbes journées d'été où le ciel est sans nuages, et où l'air devient plus calme encore à mesure que le soleil descend vers l'horison : à la chûte du jour il ne faisoit pas une haleine de vent. L'immense et épaisse fumée qui sortoit de la carcasse enflammée de la machine, et plus encore du soufre, du bitume, de la résine, du goudron qu'elle contenoit, s'élevant perpendiculairement sans rencontrer aucun vent pour la chasser, s'étendit comme un énorme chapiteau sur la ville, et s'électrisa de telle manière qu'elle en vint jusqu'à former un orage purement artificiel. Jamais l'éclair, la foudre, ni la détonation, ne se présentèrent sous une forme, ni accompagnés d'un bruit plus effrayant. L'abondance de la matière électrique étoit au point que le feu saint Elme s'appercevoit sur les clochers, sur les toîts des maisons, et jusques sur les bayonnettes des soldats. Les assiégés profitèrent de cette apparente conjuration des élémens pour faire une sortie et tomber sur les Anglais qu'ils surprirent et forcèrent à se rembarquer.

Le pillage de cette ville auroit fait un tort considérable au commerce de France. Port-Malo étoit alors une des villes maritimes les plus riches. C'étoit une de ces éponges que, dans leurs besoins sans cesse renaissans, *les rois* pressuroient sans pudeur comme sans reconnoissance. Qui croiroit qu'en 1711, des négocians de cette ville prêtèrent à Louis XIV trente millions qui n'ont jamais été remboursés! Quel est donc ce délire qui tient à gloire de verser le fruit de tant de travaux et de dangers dans le gouffre royal, qui, semblable au Carribe, ne revomit jamais ce qu'il a englouti? Et par quelle démence refuseroit-on à la patrie toujours reconnoissante quelques bribes des immenses bénéfices que l'on peut faire à l'ombre de sa protection tutélaire? Les commerçans sont peut-être les hommes qui ont le plus mal calculé les bienfaits de la révolution. Un roi veut le commerce pour lui, la patrie le veut pour ceux qui le font. Sous un roi, le commerce ne procure pas un bonheur honnête à l'homme; dans une République, le bonheur de l'homme est dans un commerce honnête.

Port-Malo est entouré de murailles épaisses et solidement bâties. Elles sont assez élevées, comme nous l'avons dit, pour que l'on n'apperçoive point les maisons à l'extérieur de la ville. Le proverbe des chiens qui gardoient cette ville, étoit fondé sur la vérité. Ils gardoient effectivement le port, où l'on ne pouvoit plus pénétrer quand les portes de la ville étoient fermées. L'accident malheureux arrivé à un homme qui, s'étant trouvé surpris par le sommeil, resta oublié dans le port, et fut dévoré par ces chiens, les fit tuer.

Dans le seul canton qu'occupe ce département, se trouvoient jadis trois évêques, celui de Rennes, celui de Dol, celui de *Saint*-Malo. Ainsi la révolution a délivré un seul coin de terre de la république de trois hommes qui, à eux seuls, prélevoient sur le petit nombre d'habitans qu'il renferme, deux cens mille livres de rente peut-être. Ainsi, si l'on calcule ce qui est rentré dans les coffres de la nation, dans ce petit coin de terre, non-seulement par la suppression de ces évêques, de leurs abbayes, de leurs chapitres et de leurs moines, mais encore par celle des gouverneurs, des états-majors, de l'intendant et de ses subdélégués, et par le bien des émigrés, soit de la noblesse, soit du parlement, et que par approximation on parte de ce point donné pour évaluer les immenses richesses que le fisc public a acquises dans toute la France où la même opération a eu lieu, on se persuadera sans peine, que la république est parvenue à un degré de puissance inébranlable, et que c'est vraiment un énorme rocher contre lequel tous les orages peuvent bien souffler, sans même l'effleurer.

Et quelle espèce de gens étoit-ce que ces évêques,

pour que le peuple la regrettât ? Il les connoissoit bien peu ! Voici une anecdote arrivée à un évêque de Saint-Malo, qui prouve que, ou trompeurs, ou trompés, ou méchans ou mystifiés, tels étoient ces hommes que la bonhommie du peuple regardoit comme des Dieux. Que depuis la révolution n'a-t-on mis ainsi souvent leurs foiblesses ou leurs sottises au grand jour ! l'extirpation du fanatisme n'eût pas causé de convulsions au corps politique.

Un évêque de Saint-Malo excessivement riche en biens comme en bêtise, fatiguoit le cardinal Richelieu par une cour assidue, et par des sollicitations ridicules. L'humeur du cardinal perçoit involontairement, quelque soin qu'il apportât à la dérober par égard pour *le grand nom* de la famille de cet évêque. Il est vrai qu'un *grand nom* étoit souvent un heureux passe-port pour les ignorans qui le portoient, à l'abri duquel ils pouvoient sans danger mettre leur ineptie en circulation, et forcer les gens à la payer de leur attention. L'impatience du cardinal n'échappa pas à un courtisan malin qui fonda sa fortune sur son adresse à le délivrer de cet importun. Il donna le mot au cardinal, car il falloit de l'art encore pour l'empêcher de se fâcher du service qu'on vouloit lui rendre.

Un jour, le cardinal incommodé étoit dans son lit, et l'officieux évêque lui prodiguoit tout l'ennui de ses soins. Le malicieux courtisan se glisse dans la ruelle du lit. Il étoit ventriloque, et tout-à-coup employant le son singulier de ce genre de voix, il appelle l'évêque par son nom à diverses reprises. Celui-ci surpris pâlit, tremble, frémit; une sueur froide coule de tous ses membres, il est prêt à s'évanouir. Qu'avez-vous donc ? lui dit le cardinal. — Quoi donc ? *Monseigneur !* N'entendez-vous pas ? — Non, je n'entends rien. — Ah ! mon Dieu ! vous n'entendez pas ? C'est sûrement l'ombre de mon père mort depuis huit jours, qui m'adresse la parole. Et soudain de se jetter à genoux, de tirer un long chapelet de sa poche, garni de plus de vingt médailles dont chaque avoit touché vingt fois à toutes les châsses des apôtres de Rome, et de demander à l'ombre ce qu'elle vouloit. — Ce que je veux, répondit le ventriloque, que tu quittes la cour, où ton salut est en danger, que tu retournes dans ton diocèse pour n'en jamais sortir, que tu y travailles la vigne du Seigneur, que tu t'occupes sur-tout à la conversion des hérétiques, et que tu commences par passer ton chapelet au cou de celui qui est couché dans ce lit. Amen. — Ah ! mon Dieu ! de tout mon cœur. *In nomine patris et filii et spiritûs*, *etc.* Avec votre permission, *monseigneur :* et soudain, mon évêque berné passe son chapelet au cou du cardinal, se sauve, prend la poste pour son diocèse, d'où il ne sortit plus, et laisse après lui le souvenir de sa sottise dont les oisifs de la cour s'amusèrent pendant vingt-quatre heures. O peuple ! si cet homme, la crosse en main, vous eût dit que les morts lui avoient parlé, vous l'eussiez cru. Que de tems il a fallu pour ouvrir des temples à la raison !

Port-Malo est une ville moderne ; elle n'étoit presque rien encore du tems d'Anne de Bretagne qui y fit transférer l'évêché d'Aleth ou Guidalet, et lui donna le nom de Saint-Malo ou Maclou, du nom du prétendu premier évêque d'Aleth. Le rocher sur lequel elle est bâtie, étoit d'abord une isle que l'on a jointe, comme nous l'avons déjà dit, à la terre par une chaussée. Cette place importante est bien fortifiée, et n'offre que peu de monumens remarquables : ses rues sont en général étroites, et ses places peu régulières, si l'on en excepte celles que l'on appelloit ci-devant Saint-Vincent, et de la grande Cohue, où l'on voit quelques belles maisons. Cette ville a donné le jour à Jacques Cartier, marin célèbre, à qui l'on dut en 1534 la découverte du Canada.

Dol, où nous nous sommes peu arrêtés, est la plus triste commune de toute la ci-devant Bretagne, petite, mal bâtie, entourée de marais, et conséquemment mal-saine. Elle ne fut d'abord qu'un château de l'antique féodalité, auprès duquel on bâtit une abbaye. Quelques maisons s'assemblèrent, et, dans un tems où un séjour de volupté n'étoit pas encore une nécessité pour des évêques, on y mit un évêché.

Fougères est plus agréable. Sur les confins de la ci-devant Normandie, elle retient encore un peu de la richesse de ce pays fertile. Lepays, l'un des aimables nourrissons des Muses primitives de la France, étoit de cette ville, que Jean II, *duc* d'Alençon, se crut permis de vendre à Jean V, *duc* de Bretagne, pour payer sa rançon au duc de Betfort qui l'avoit fait prisonnier à la bataille de Verneuil.

Vitré, Bain, Redon et la Guerche, sont encore

de petites communes de ce département, qui n'offrent rien à la curiosité du voyageur. C'est à la Guerche que se filent en grande partie les lins dont on fabrique les toiles connues sous le nom de toîles de Bretagne. Les forges de Paimpont ont de la célébrité aussi bien que les toiles que l'on fait à Noyat.

Un miracle annuel, et par conséquent bien plus joli que les autres, rendit long-tems fameuse la petite commune de Montfort, qui en retint le surnom de la Canne. On dit que pendant plusieurs siècles, une canne sauvage venoit tous les ans, le 9 mai, *entendre la messe* à l'autel Saint-Nicolas, suivie de onze cannetons, et à son départ, laissoit un de ses petits en hommage au saint. Cette *pieuse* femelle de canard faisoit ce généreux sacrifice d'un de ses petits, pour accomplir un vœu qu'une jeune fille avoit fait au Saint pour le remercier d'avoir conservé sa virginité. Certes, si la divinité avoit voulu faire un miracle, elle y eût mis plus d'esprit, et, en conduisant à l'autel un oiseau suivi de onze de ses petits, elle n'eût pas été chercher dans la nature un exemple de la fécondité maternelle pour honorer une fille qui avoit voulu rester stérile. Le miracle n'étoit pas d'un Dieu, mais de quelque capucin qui aimoit les canards sauvages. Le miracle ne tint pas devant les calvinistes qui furent maîtres pendant quelque tems de Montfort. Ils mangèrent la mère et les petits, et le miracle cessa.

Le beurre de ce département passe pour le plus délicat de toute la république, et celui de la Prévalais, canton à deux lieues de Rennes, l'emporte encore sur celui de tous les autres cantons. Quoique le territoire d'Ille et Vilaine soit fertile en pâturages et en grains, l'agriculture y laisse encore à desirer. Il produit sur-tout des lins et des chanvres en quantité; on y trouve des bois estimés pour la charpente et la construction, des carrières d'ardoise, des mines de plomb et de fer; le miel, les fruits, le cidre et la volaille y sont excellens, et les ports de Cancale et de Port-Malo y rendent le poisson très-commun.

Les grains et les toiles à voile, sont les deux branches les plus considérables de son commerce. Il y a peu de manufactures, et, si l'on en excepte les couvertures de laine, les chapeaux et d'autres objets de bonneterie, on n'y jouit que par l'importation de tous les objets nécessaires à l'habillement. Ce département a plus besoin que tout autre que le gouvernement républicain s'occupe de ses débouchés, et là, plus qu'ailleurs, la nécessité des canaux nous a paru frappante. L'esprit public y est bon, mais l'instruction publique y est nécessaire; le peuple y est propre à la liberté, mais il faut l'élever, et cette éducation y réussira bien, parce qu'on y est plus près de la nature. Otez-y sur-tout la superstition, il y restera peu de préjugés à combattre.

Barge de l'Amirale.

NOTES.

(1) L'histoire nous en a conservé une description épigrammatique qu'un certain Marbodus, évêque de Rennes, fit dans le onzième siècle. La voici : son antiquité plus que son style la rend curieuse :

Urbs Redonis, spoliata bonis, viduata colonis;
Plena dolis, odiosa polis, sine lumine solis;
In tenebris vacat illecebris, gaudetque latebris;
Desidiam putat egregiam, spernitque Sophiam.
Causidicos perfalsidicos absolvit iniquos,
Veridicos et pacificos condemnat amicos,
Nemo quidem scit habere fidem nutritus ibidem.

Il est étonnant que cet évêque n'ait pas été saint ; on voit qu'il étoit malin.

(2) La Bedoyère étoit fils du *procureur-général* du *parlement* de Bretagne, et fut lui-même *avocat-général* du même tribunal. Il devint amoureux de Sticoti, actrice du théâtre Italien, l'épousa et en eut plusieurs enfans. Les préjugés outragés le poursuivirent et le persécutèrent. C'est une époque célèbre, dont plusieurs personnes vivantes se rappellent encore, que celle où l'on vit le père et le fils dans ce procès fameux plaider l'un contre l'autre, et épuiser toutes les ressources de leurs talens pour défendre, l'un la cause de l'orgueil, l'autre celle de la nature. L'orgueil gagna le procès. La Bedoyère fut déshérité et réduit à la misère pour avoir épousé une femme vertueuse. Cette femme qui n'étoit point connue de la famille, entra quelques années après, comme femme-de-chambre, chez

la mère de son mari; elle en devint la confidente, et par l'étonnante amabilité de son caractère, en vint jusqu'à lui faire désirer que son fils eût épousé une femme semblable. Ce fut là le dénouement de cette étonnante aventure. La Bedoyère se réconcilia avec les siens, et eut l'incroyable générosité de leur pardonner les maux qu'ils lui avoient fait souffrir.

(3) Bertrand Duguesclin, né en 1311, connétable de Castille, puis connétable de France, l'un des héros du quatorzième siècle. Nous aurons plus d'une fois occasion d'en parler.

(4) Il ne faut pas confondre cette belle Montfort avec une Bertrade de Montfort qui fut *reine de France*. Impudique et cruelle, elle fit mourir Foulques, *comte* d'Anjou, qu'elle avoit épousé en premières nôces, et se fit enlever par le roi Philippe premier, à qui elle ne fut pas plus fidèle. Elle crut réparer le libertinage de sa vie, en ordonnant qu'après sa mort on l'enterrât dans le chœur d'un couvent de religieuses.

VOYAGE
DANS LES DÉPARTEMENS
DE LA FRANCE,

Enrichi de Tableaux Géographiques et d'Estampes.

Par les Citoyens J. LAVALLÉE, ancien capitaine au 46.e régiment, membre de la Société des Sciences, Arts et Belles-Lettres de Paris, et l'un des soixante de la Société Philotechnique, pour la partie du Texte; Louis Brion, pour la partie du Dessin; et Louis Brion père, pour la partie Géographique.

L'aspect d'un peuple libre est fait pour l'univers.
J. LA VALLÉE, *Centenaire de la Liberté*, Acte I.er

A PARIS,

Chez Brion, rue de Vaugirard, N.º 98, près l'Odéon.
Chez Buisson, Libraire, rue Haute-Feuille, N.º 20.
Chez Gueffier, au Cabinet litt., boulevard Cérutty,
Et chez Debray, Libraire, Palais-Égalité, galeries de Bois, N.º 236.

AN VIII DE LA RÉPUBLIQUE FRANÇAISE.

DÉPARTEMENT DE L'ISÈRE ci-devant partie du Dauphiné

VOYAGE

DANS LES DÉPARTEMENS

DE LA FRANCE.

DÉPARTEMENT DE L'ISÈRE.

Nous avons traversé le Rhône à l'extrémité nord du département de l'Ardèche, et sommes entrés sur le territoire du département de l'Isère. Nous nous trouvons au sein d'un peuple fier, ami de la liberté, l'un des premiers dont les vœux et le courage l'apellèrent sur la France, dont la fermeté a souvent alarmé les rois dans les tems de leur puissance la plus affermie; ami de la guerre, et cependant distingué par son industrie, son activité, son amour pour les arts, son penchant pour les connoissances; aimable dans le commerce de la vie, spirituel dans ses réparties, extrêmement fin pour ses intérêts, habile à les défendre, rusé pour les soutenir, infatigable pour les poursuivre, quelquefois même astucieux dans ses moyens, mais néanmoins généreux dans ses manières; susceptible de belles actions, de grands dévouemens et d'héroïsme, remuant, actif, hospitalier; et descendant non dégradé d'une nation altière, intrépide et généreuse, qui plus d'une fois se mesura avec les Romains, fut vaincue par eux et non pas leur esclave, et devint leur amie et leur alliée, n'ayant pu rester leur ennemie.

A ce portrait il est facile de reconnoître les ci-devant Dauphinois, qui ont eu les Allobroges pour aïeux. La province qui portoit le nom de Dauphiné, et qui étoit elle-même divisée en haut et bas Dauphiné, forme aujourd'hui trois départemens, l'Isère, la Drôme et les Hautes-Alpes. Ce dernier comprend en grande partie ce qui constituoit le haut Dauphiné; la Drôme, tout le bas, et l'Isère, une partie du haut et une partie du bas. C'est dans celui-ci que se trouve comprise Grenoble, qui jadis étoit la capitale de toute la province, et qui maintenant est le chef-lieu du département de l'Isère.

Cette province étoit célèbre dans l'agriculture par ses blés, ses vins, ses olives et ses châtaignes. Elle fournissoit en outre du pastel, de la couperose, de la soie, du cristal, du chanvre, du fer, du cuivre, des sapins, des mûriers, etc. Ces richesses dont la révolution n'a point tari la source, dont la guerre seule a momentanément entravé les canaux, mais que la paix et le régime de la liberté accroîtront encore, n'appartiennent point toutes au département de l'Isère, mais sont réparties dans les trois départemens que nous venons de citer. Les trésors de la nature plus particuliers à l'Isère, sont quelques fromens, mais sur-tout d'excellens vins, des huiles, des lins, des chanvres, des bois, de la soie, de l'ardoise et des bestiaux en quantité.

Quant à l'industrie, elle se porte particulièrement sur la fabrication des toiles de diverses qualités, de ratines de différens genres, et de minces draperies en général ; sur les papeteries ; sur les verreries ; sur la préparation du nître ; sur celle de l'acier que l'on y fabrique en carreaux ; sur celle du cuivre dont on fait tous les ustensiles nécessaires à la cuisine ; enfin sur le sciage en long des bois pour faire des planches qui servent au doublage des vaisseaux.

César, dans ses Commentaires, confond constamment les habitans de la Savoie et du Dauphiné sous le nom générique d'Allobroges. Il est certain que c'étoit le même peuple. Ce ne fut que dans des siècles plus modernes, que cette partie où nous nous trouvons prit le nom de Dauphiné, et nous verrons plus loin à quelle occasion. Ces Allobroges, que Polybe, Plutarque, Dion et Appien écrivent *Allobriges*, Ptolémée et Etienne de Bysance *Allobryges*, mais dont la véritable orthographe a été invariablement fixée par la découverte de deux inscriptions anciennes, occupèrent, selon le célèbre géographe d'Anville, depuis l'*Isara* au sud, jusqu'au *Rhodanus* au nord ; il y ajoute la partie de la Savoie qui touche à ce dernier fleuve jusqu'à Genève inclusivement, et leur donne Vienne pour capitale. Une autre partie des Allobroges étoit, par rapport aux Romains, située au-delà du Rhône ; ils occupoient le terriritoire de Genève qui se trouve dans le Valromai et le canton de Châtillon de Michaille. Ce furent ceux-ci qui supportèrent tout le poids de l'invasion des Helviens, *Helvii*, que nous venons de laisser dans l'Ardèche, lorsqu'ils franchirent le Jura et le Rhône pour se jeter sur les Sequanois. Les Allobroges, dit Tite-Live, ne le cédoient ni en force ni en richesse aux autres peuples de la Gaule.

Annibal séjourna chez eux avant de passer les Alpes, et la circonstance où il s'y trouva ne fut pas sans importance pour le succès de ses desseins. A son arrivée, deux frères se disputoient la couronne des Allobroges ; il se déclara pour l'aîné, et celui-ci, par reconnoissance, lui facilita le passage des montagnes ; ainsi ce fut un crime de l'ambition qui vint au secours du plus vaste projet de l'ambition ; et malgré les barrières formidables qui défendoient l'Italie, l'ambition reconnoissante applanit sous les pas de l'ambition entreprenante les obstacles que la nature avoit accumulés pour les intimider.

Au reste, ce ne fut pas par cela seul que les Allobroges attirèrent sur leur tête le courroux des Romains ; ils avoient fourni aux *Salyes* des secours contre Sextius qui avoit vaincu *Teolomalius* leur roi. Ils se répandirent en outre chez les *AEdui*, alliés du peuple Romain. Rome irritée de tant de provocations, fit marcher des forces contre eux : ils furent d'abord défaits à la bataille de *Vindalium*. Battus, mais non découragés, bientôt Fabius Maximus vint s'illustrer par cette guerre. Ce fut sur les bords de l'Isère qu'il les rencontra. La bataille fut terrible ; et cette journée parut si importante à Fabius Maximus, qu'il en prit le surnom d'*Allobrox*.

Sous César, ils portoient encore, comme je le disois tout-à-l'heure, le nom d'Allobroges. Sous Honorius, ils se trouvèrent compris dans la Viennoise, qui dépendoit en partie de la seconde Narbonnoise et en partie des Alpes maritimes. De la domination des Romains, ils tombèrent sous celle des Bourguignons. Ils passèrent ensuite avec le royaume de Bourgogne lui-même dans le royaume d'Orléans, et une seconde fois ils retournèrent au royaume de Bourgogne, lorsque Arles en étoit la capitale. Mais à l'extinction du royaume de Bourgogne, et lorsque le roi Rodolphe premier l'eut cédé à l'empereur Conrad II, c'est-à-dire, dans le courant du onzième siècle, ce pays se vit livré à l'anarchie, et des troubles intérieurs le désolèrent. Suivant quelques écrivains, il paroîtroit que ce fut à cette époque qu'un Guy, dit le vieux, en usurpa la souveraineté. Cependant cette version n'est pas très-exacte. L'usurpation de la maison d'Albon dont étoit ce Guy le vieux, remonte plus haut, et le Dauphiné se rattache à l'histoire de France beaucoup plutôt. Il paroît certain qu'il fut au nombre des conquêtes de Clovis. Ce conquérant le rangea sous les lois de son fils Clodomir, et celui-ci le laissa à Thierri son frère, roi d'Austrasie, de Bourgogne. Il fit ensuite partie du royaume de Neustrie, et fut gouverné par des princes Français jusqu'au milieu du huitième siècle, qu'il partagea le sort de tant d'autres états envahis par les Sarrasins et les Goths. On sait les victoires de Charles-Martel sur ces barbares, et par elles le Dauphiné rentra sous la domination des rois Français; et cet ordre de choses dura jusqu'en 879, que Bozon premier, ayant fondé le second royaume de Bourgogne, le Dauphiné s'y trouva compris, et en fit partie jusqu'en 1032. Mais les comtes d'Albon, qui profitèrent des troubles qui s'élevèrent alors pour s'emparer de l'autorité, étoient puissans dans ce pays depuis le neuvième siècle. Ils réunissoient déjà sous leurs drapeaux les différens cantons nommés le Briançonnois, le Viennois, le Graisivaudan, le Gapençois et l'Embrumois : et ce Guy le vieux que les autres historiens nomment le chef de sa maison, et placent le premier en date, est le quatrième. Au reste, le plaisir d'être moine l'emporta sur les douceurs de la puissance, et il n'est pas le seul de cette maison qu'entraîna cet excès de dévotion. L'un de ses successeurs, Guy VII, imita ce pieux exemple. Aucun de ces princes ne marqua, et Guy VIII fut le premier qui se distingua par quelques exploits guerriers. Soit par quelque allégorie amoureuse, soit tout simplement par goût ou par caprice, ce preux portoit constamment un dauphin sur le cimier de son casque. On s'accoutuma d'abord à le désigner lui-même par cet ornement qu'il avoit adopté : quand on parloit de lui, l'on disoit le chevalier au dauphin; insensiblement le laconisme du dialogue supprima le titre et n'employa que l'épithète, et l'on

Porte d'Avignon ou de Reminicere à Vienne.

dit tout uniment le Dauphin. On connoît le pouvoir sur l'homme des habitudes bonnes ou mauvaises ; et parce qu'on l'avoit appelé ainsi, on se crut en droit d'appeler de même ses successeurs : le surnom des chefs s'appliqua à la longue au pays même qu'ils dirigeoient, et l'on nomma Dauphiné celui qui étoit gouverné par l'homme que l'on désignoit par Dauphin. Ainsi, à la longue, ce qui, dans l'origine, n'avoit été, si j'ose me servir de cette expression triviale, qu'un *sobriquet*, devint un titre d'honneur. Le peuple qui réfléchit peu, y attacha un souvenir précieux pour l'homme qui avoit élevé la gloire de sa patrie. Les souverains qui s'en emparèrent, croyoient y trouver un droit imprescriptible de domination sur ce peuple, droit plus puissant encore que les chartes par le pouvoir de l'opinion. Telles furent les raisons qui rendirent, pendant plusieurs siècles, les Dauphinois si jaloux de le voir porter par les aînés de la famille royale, et les rois français de leur côté si attentifs à le conserver à leurs héritiers présomptifs. Combien de titres fastueux, si l'on remontoit à leur source, n'offriroient de même qu'une origine également puérile et futile !

Cependant, jusqu'à l'époque de ce premier dauphin, leur souveraineté n'avoit pas encore été avouée par les grands potentats. Mais Guy IX, son successeur, plus politique, ayant épousé une nièce de l'empereur Barberousse, il en obtint une charte d'indépendance, et dans le même tems, ayant obtenu de Berthold IV la cession du comté de Vienne, il prit alors le titre de dauphin de Viennois, que portèrent tous ses successeurs. Guy IX, mort sans enfans mâles, sa fille transporta le Dauphiné dans la maison de Bourgogne, par son mariage avec Hugues III. Les princes de cette famille y régnèrent donc jusqu'à Jean III, qui, n'ayant point d'enfans, laissa tous ses biens à sa sœur, qui avoit épousé Humbert I de la Tour-du-Pin. Alors s'ouvrit ce grand procès entre la branche aînée de Bourgogne, qui prétendoit hériter du Dauphiné, et la maison de la Tour-du-Pin, qui voulut conserver ce qu'elle tenoit de l'alliance; procès qui pensa mettre en feu le midi de l'Europe, mais que termina Philippe-le-Bel, en se déclarant pour Humbert de la Tour-du-Pin; trait de politique de ce prince, qui, par-là, empêchoit l'accroissement de la puissance de Bourgogne, qui déjà commençoit à inquiéter la monarchie française, et laissoit à ses successeurs moins d'obstacles à s'emparer du Dauphiné, soit par la force, soit par des alliances. Cette politique fut suivie par Philippe V, qui maria dans la suite sa fille à Guy XII, dauphin du Viennois. Un accident hâta le succès de cette politique. Humbert II laissa imprudemment tomber du haut d'un balcon son fils unique, qui ainsi mourut en bas âge. se trouvant sans héritiers, et voulant éviter les brigues que l'espoir de sa succession feroit éclore, et qui ne manqueroient pas d'empoisonner sa vieillesse, par un traité de 1343, il disposa de ses états en faveur du duc d'Orléans, second fils de Philippe de Valois; mais dix ans après, quelques mécontentemens lui ayant fait changer d'avis, il les céda, par une donation entre-vifs, à Charles, alors duc de Normandie, fils aîné du roi Jean, et depuis Charles V, à condition que lui et ses héritiers porteroient à perpétuité le titre de dauphin, que leurs armes seroient écartelées de France, qu'ils en jouiroient à titre de souveraineté particulière, et que le Dauphiné ne seroit réuni ni incorporé au royaume de France; dernière condition qui ne fut pas très-respectée, tandis que les premières qui constatoient la prérogative de la puissance, ont été religieusement observées jusqu'à l'époque de la révolution.

Tel est le coup-d'œil rapide que j'ai cru devoir jeter sur l'histoire d'une contrée qui tiendra un si haut rang dans celle de la liberté, et que sa situation, sa richesse et le caractère de ses habitans rendent si importante à la république.

Vienne, l'une des plus anciennes villes des Gaules, est la première de ce département qui se soit offerte à nous sur les rives du Rhône. *Vienna Allobrogum, Viudibona :* c'est ainsi qu'elle est nommée par quelques auteurs anciens. Tous les écrivains célèbres de l'antiquité en ont parlé; Strabon, Pomponius Mela, Ptolémée, Velleius Paterculus, Pline, etc. Elle est également réclamée par les écrivains du christianisme, pour avoir été le séjour de ce Pontius Pilatus, qui n'eut ni le courage, ni la philosophie, ni l'humanité de sauver l'homme juste et l'innocent des outrages d'une populace effrénée et ignorante, et de l'arracher à la mort. L'origine de cette ville si long-tems fameuse éprouve le sort de toutes celles dont la fondation se perd dans les siècles reculés, c'est-à-dire, que les fables s'en sont emparé. Entr'autres versions, on prétend qu'un Africain fugitif, nommé *Venerius*, il y a plus de deux mille ans, s'arrêta à cette place, et résolut d'y construire une ville. Il exécuta son projet, et n'employa que deux ans à la bâtir. Il la nomma Bienne, *quia Biennio constructa fuerit*. Explication, comme on le voit, *habilement trouvée*. Dans la suite, la mauvaise prononciation du B usitée par les peuples du midi, introduisit l'habitude de prononcer Vienne pour Bienne. Il n'est pas nécessaire de s'étendre beaucoup pour démontrer la futilité d'une semblable opinion; et l'on sent qu'en adoptant cette manière, il n'y a point de noms de villes auxquels on ne pût créer une étymologie.

Sa situation sur le Rhône, qui la rendoit propre au commerce, et en faisoit la clef des montagnes, son voisinage de Lyon, et le peuple brave dont elle étoit la capitale, durent attirer sur elle l'attention des Romains; et voilà l'origine de sa splendeur. D'abord, comme toutes les villes destinées à la célébrité, elle servit pour la guerre; et quand la guerre s'éloigna, les arts et le luxe s'en emparèrent, à cause de cette espèce d'éclat dont la reconnoissance des conquérans aime à entourer les lieux qui leur servirent à assurer leurs conquêtes. C'est ainsi que l'an cinq cent soixante-seize de Rome fondée, Tiberius-Gracchus envoyé dans les Gaules, en fit une place d'armes très-utile au succès de son expédition, et garnit les deux bouts du pont que l'on y voyoit alors de deux châteaux extrêmement forts, pour intercepter la communication, et empêcher les autres peuples de la Gaule de porter des secours à ceux qu'ils vouloient soumettre. Jules-César y plaça les magasins et les subsistances de son armée, et la fortifia pour protéger sa retraite en cas de revers. Depuis, Tibère y envoya une colonie nombreuse, et Claude y institua un sénat, à l'instar de Rome ; d'où elle a pris le titre de sénatorienne que plusieurs écrivains lui ont donné. On attribue à Tibère la construction de cette tour, où l'on prétend que mourut Pilate, et dont il ne reste plus de vestiges. Elle prit le parti de Galba, et il l'arma contre les Lyonnais qui restoient fidèles à Néron. Vitellius y séjourna, et le plaisir que l'empire éprouva en se voyant débarrassé de cet homme méprisable, a donné naissance à un de ces augures que l'erreur populaire crée et adopte tout-à-la-fois.

On prétend que Vitellius étant à Vienne, et siégeant au tribunal de justice, un coq lui vola sur l'épaule, et ensuite se percha sur sa tête. Des Augures consultés prétendirent que dans la suite un Gaulois feroit courir quelque grand danger à ce prince. On prétendit que cette prédiction s'étoit vérifiée, ayant été vaincu pour la première fois par un Antoninus, natif de Toulouse, qui, dans son enfance, avoit été surnommé Bec de coq. Suétone n'a pas dédaigné de rapporter cette fable : *Cui Tholosae nato*, dit-il, *cognomen in pueritia becco fuerat, id volet gallinocei nostrum.*

Quoi qu'il en soit, c'est au séjour des Romains qu'il faut rapporter l'amour des arts, la politesse et l'urbanité qui distinguent Vienne parmi les plus célèbres villes des Gaules. Les lettres y furent chéries et cultivées avec succès. Les poètes eurent à gloire que leurs vers y fussent lus, et l'on peut citer pour exemple ceux-ci de Martial, liv. VII, Épigr. 88 :

> Fertur habere meos, si vere est fama, libellus
> Inter delicias pulchra Vienna suas.
> Me legit omnis ibi senior, juvenisque, puer que,
> Et coram tetrico, casta puella, viro.
> Hoc ego maluerim quàm si mea carmina cantent,
> Qui Nilum ex ipso protinus ore bibunt.
> Quàm meus hispano si me tagus impleas auro,
> Pascat et hybla meas, pascas hymettus apes.

Elle conserva long-tems cette renommée de grandeur et d'opulence ; et l'on voit encore, dans des siècles bien postérieurs, Ausone en parler dans ces termes :

> Accolit alpinis opulenta Vienna colonis.

Elle est malheureusement de toutes les villes celle où les monumens ont été le moins respectés, et ce n'est que de loin en loin que quelques vestiges magnifiques encore parlent au voyageur de sa majesté première. Le tems, les guerres, les hommes, l'ignorance et les religions ont tout renversé, bouleversé, détruit ; et la Vienne d'aujourd'hui respire informe sur l'antique Vienne. Par-tout où l'on fouille, se trouvent des débris de temples, de palais, de portiques ; et si ces fouilles étoient mieux dirigées, il est indubitable que l'on y découvriroit des morceaux très-précieux.

Les deux monumens antiques qui jouissent encore de quelque conservation à Vienne, sont un temple que les catholiques ont transformé en église sous le nom de *Notre-Dame de la vie*, et un obélisque encore entier, que l'on trouve hors de la porte d'Avignon, au milieu des champs, entre le Rhône et le grand-chemin.

Le temple a infiniment de ressemblance avec celui de Nîmes, improprement nommé *maison carrée*. L'architecture en est également d'ordre corinthien, d'un beau style, d'une belle proportion et du meilleur tems; et l'on seroit tenté de croire que le même architecte a présidé à leur exécution, et que l'un ou l'autre sont une répétition : mais celui de Vienne est moins bien conservé, et l'ignorance, la barbarie et le mauvais goût lui ont porté de plus cruelles atteintes. Pour en faire une église, l'on a engagé toutes les colonnes dans un mur qui ne permet plus d'en apercevoir l'élégance et le jeu. Le portique antérieur, le fronton, les frises, l'architrave ont également été ou dégradés ou masqués, et c'est une véritable perte (1).

Le monument que l'on aperçoit hors de la ville est beaucoup plus entier; sa forme et son élégance méritent l'attention des voyageurs. Sur un massif ou espèce de socle carré, construit de pierres extrêmement dures, et de la même qualité que celles que l'on extrait encore aujourd'hui des carrières du Bugey, s'élève un corps d'architecture bâti avec la même espèce de pierres de taille, d'un grand volume, et assemblées sans chaux ni ciment. Ce corps d'architecture est également carré; il est couronné d'un entablement; ses angles sont ornés d'une colonne engagée, et les quatre faces sont percées d'une arcade. Au-dessus s'élève la pyramide également quadrangulaire, et construite de la même pierre que le reste. La hauteur totale de l'édifice est à-peu-près de quatorze mètres ou quarante-deux pieds, dont la pyramide est pour moitié. Cette architecture, comme on le voit, n'est pas très-correcte; elle n'est pas à coup sûr du même tems que le temple dont nous parlions tout-à-l'heure, et paroît être d'une époque où la décadence s'étoit déjà introduite dans les arts, c'est-à-dire lorsque Maximien Hercule, ou peut-être même Gratien, vinrent dans cette partie des Gaules; mais ce monument n'en est pas moins intéressant par sa parfaite conservation.

Etoit-il autrefois dans l'enceinte de Vienne? et cette ville, en perdant de sa grandeur, et se reployant pour ainsi dire sur elle-même, l'a-t-elle délaissé hors de ses murailles? Est-ce un monument public, ou appartient-il à quelque famille particulière? Ces questions sont restées jusqu'à présent sans être résolues. Aucune inscription n'en détermine ni l'époque, ni l'objet, ni l'usage. Quelques personnes supposant à Vienne une antique étendue beaucoup plus grande que celle dont elle jouit aujourd'hui, ont pensé que ce monument pouvoit indiquer le centre de sa circonférence ancienne; mais ce seroit le ranger dans la classe des colonnes milliaires, et il n'en a aucun des caractères. D'autres ont pensé que c'étoit un tombeau, et cette opinion est plus raisonnable; mais encore n'est-ce qu'une conjecture.

conjecture. Nous retrouverons dans la suite un monument à-peu-près semblable, mais sans pyramide, et à deux étages d'arcades, dans les environs de Saint-Remy, dans la ci-devant Provence, que l'on croit également être un tombeau; mais encore l'incertitude qui règne sur celui-ci n'est pas très-propre à asseoir un jugement sain sur la destination de celui de Vienne.

Il existe encore à Vienne des restes d'un arc de triomphe, qui, par cette raison, en a retenu le nom de *porte triomphale*. L'architecture, autant que l'on peut en juger, avoit été conduite par un maître habile. Les auteurs du voyage littéraire nous ont conservé le texte d'une ancienne inscription qu'ils ont vue dans la cour de l'abbaye de filles dite de Saint-André, et que je n'ai point trouvée. Il ne seroit pas étonnant qu'elle eût appartenu à cet arc de triomphe. La voici :

DRUSO CAESARI
TIB. AUG. F. DIVI AUG.
NEPOTI DIVI JUL.
PRONEPOTI TRIB.
POTEST. II. COS. II.

Entre les monumens gothiques de Vienne, celui que l'on appeloit cathédrale, mérite d'être remarqué. L'inégalité du sol sur lequel la ville est assise, a fait construire cette cathédrale sur une éminence. On monte à la plate-forme, qui précède son portail, par un vaste perron de vingt-huit degrés; ce qui donne à cet édifice une majesté peu commune. Quand on a traversé la plate-forme, on trouve encore trois degrés à monter pour entrer dans le temple. Le frontispice, par sa largeur et son élévation, est tout-à-la-fois imposant et auguste. Il a quelque ressemblance avec celui de la cathédrale de Paris; et ceux qui connoissent celui-ci, se figureront aisément quelle dignité il acquerroit encore, s'il étoit élevé, au-dessus du sol de la place qui le précède, d'une rampe de trente-un degrés. Celui de Vienne est, suivant l'usage de l'architecture gothique, surchargé d'une multitude de figures sculptées dans la pierre, et d'un énorme amas d'ornemens délicats, mais confus et percés à jour. Il est de même accompagné de deux hautes tours élevées sur quatre piliers, et dans lesquelles étoient renfermées les cloches. L'intérieur de l'édifice est vaste, et d'une obscurité religieuse. Les voûtes sont d'une élévation prodigieuse, et soutenues par quarante-huit colonnes ou piliers. Des galeries bordées de balcons gothiques et en pierre, font le tour de cette immense basilique, dont le chœur est un peu plus élevé que la nef; ce qui donne à l'ensemble beaucoup de grâce. La longueur totale du bâtiment est de deux cents huit pieds, et sa largeur de soixante et dix-huit (2).

Il est à Vienne une autre église qui mérite aussi quelqu'attention : c'étoit celle d'une abbaye d'hommes, appelée, avant la révolution, *Saint-André-le-bas* : l'architecture en est belle, et la matière en est précieuse. Les colonnes qui soutiennent la voûte du chœur sont entièrement de marbre blanc, et celles de la nef sont d'ordre dorique, et d'une belle proportion. Près de cette abbaye est une plate-forme, vulgairement appelée *la table ronde*. Le droit d'asile, droit sujet à tant d'inconvéniens, que l'église consacra pendant si long-tems sous un double point de vue d'orgueil et d'humanité, réunion de motifs bien bizarre, mais pourtant réelle, c'est-à-dire pour imprimer d'un côté aux grands, à la justice et à la multitude, un profond respect pour tout ce qui lui plaisoit de protéger ; de l'autre, pour arracher quelquefois le foible à l'injuste persécution du puissant et à l'iniquité des tribunaux qui lui étoient vendus communément; le droit d'asile, dis-je, avoit fait de cette *table ronde* ou plate-forme un lieu sacré où la justice ne pouvoit atteindre l'homme qui s'y réfugioit, et où l'on ne pouvoit saisir ni les meubles, ni les effets, ni les marchandises que l'on y déposoit. Mais on sait assez que c'est rarement l'innocent et l'infortuné qui profitent de ces institutions mal conçues et mal combinées, et ce droit d'asile n'a jamais été favorable qu'aux scélérats qu'il enhardissoit dans leurs vols et leurs forfaits. Les progrès des lumières ont donc fait disparoître ces institutions immorales. Le véritable asile pour l'opprimé et l'innocent, dans un état bien co-ordonné, sont des lois justes, des magistrats purs et une égalité légale bien établie et bien cimentée ; ce que l'on n'obtient jamais dans les climats où des grands ont intérêt à dominer, et des prêtres à aveugler.

Vienne est une ville que l'on peut placer parmi celles du second ordre. Resserrée entre les montagnes et le Rhône, elle est beaucoup plus longue que large. Comme toutes les villes anciennes, elle est généralement mal bâtie. L'ancien palais habité par les dauphins de Viennois est gothique; plus vaste que magnifique, il est occupé maintenant par les autorités constituées. Les places ont peu d'apparence; les rues sont étroites, obscures et tortueuses, et comme la ville est bâtie sur un terrain inégal, la pente de quelques-unes est très-rapide, et les rend d'un difficile accès. Comme elle a peu de commerce, il y a peu de mouvement, et elle ne paroît pas extrêmement peuplée. Au reste, elle a cela de commun avec la majeure partie des villes où se trouvoient jadis de grands chapitres et de fortes abbayes. La manufacture d'ancres pour la marine nationale emploie un certain nombre de bras; mais cela ne suffit pas pour alimenter cette ville. Il y a de même une manufacture où l'on *mouline* et dévide la soie, mais elle a besoin de la paix, et sur-tout du rétablissement du commerce de Lyon, pour reprendre son ancienne activité. Cependant le voisinage même de Lyon empêchera toujours que le commerce de Vienne soit jamais très-florissant; et il s'en faut bien en outre que sa situation pour cela soit aussi favorable que celle de sa voisine. Elle a néanmoins encore quelques fabriques de toiles à voiles, de toiles communes, et de ratines; on y prépare l'acier et le cuivre. Elle a dans ses environs des carrières de marbre et d'ardoise, des verreries, des nîtrières et des papeteries dont elle exporte les résultats à Lyon et à Marseille. Ses vins forment peut-être sa plus grande richesse; ils sont excellens; et ceux spécialement connus sous le nom de vins de la Côte-rôtie, jouissent à juste titre de la plus haute réputation.

C'est à Vienne que s'est tenue l'une de ces assemblées fameuses qui, tant de fois, ont servi à étaler le luxe et la puissance de l'église, à semer le trouble et l'inquiétude dans les consciences, à affermir le glaive dans les mains des successeurs des apôtres, et à donner le signal des guerres, des persécutions et des supplices. En 1311, elle a vu dans ses murs le quinzième concile général. Clément V, ce pape si renommé par son avarice et son ambition, vint en personne le présider, accompagné des patriarches d'Alexandrie et d'Antioche. Trois cents prélats s'y trouvèrent, et Philippe-le-Bel vint y siéger avec le roi de Navarre son fils et ses deux autres enfans. Quelques auteurs ajoutent que les rois d'Angleterre et d'Arragon s'y rendirent. De quoi s'agissoit-il ? De dépouiller des malheureux chevaliers, dont les richesses gagnées dans les combats, bien cruellement achetées par de pénibles travaux sous un ciel brûlant et étranger, entrepris pour la cause de ceux même qui les persécutoient, étoient l'unique crime. J'ai décrit ailleurs cette énorme barbarie dont on usa contre les Templiers. On les accusa de sorcilége, de magie, d'hérésie et de vices bien plus repoussans et bien plus incroyables encore. Ce furent des vieillards blanchis sous les armes et dans l'austérité du cloître ; ce fut une jeunesse brillante de courage et de ferveur ; ce furent des hommes qui passoient les jours à combattre pour ce Christ, dont leurs juges et leurs bourreaux portoient la livrée ; qu'un pape, trois cents évêques, quatre rois, et vingt princes envoyèrent sur les bûchers. Et ces hommes crient anathême contre la révolution! ils appellent sur elle les vengeances du ciel! Ils croient que la providence les leur amènera! Eh! pensent-ils que la providence toujours sage, toujours juste, toujours vengeresse, ne devoit rien au sang des Templiers? Croient-ils que les Templiers, les Albigeois, les Vaudois, et la Saint-Barthélemy ne sont pour rien dans la révolution? Il y a des siècles, diront-ils, que ces crimes se sont commis. Il n'y a point de siècles pour l'Éternel; c'est aujourd'hui que les Templiers ont péri.

Nous avons quitté Vienne pour voir Grenoble, ville non moins ancienne, l'une des plus célèbres entre les cités de la Gaule narbonnaise, et dont plusieurs auteurs de l'antiquité ont parlé avec éloge. Ptolémée prétend qu'elle se nommoit *Accusio*, et qu'elle fut accrue par une colonie que les habitans de *Cavaillon* en Provence y envoyèrent. Elle garda ce nom jusqu'à l'époque du voyage de Maximien Hercule dans cette contrée, et la troqua alors contre celui de *Cularo*. Mais elle l'abandonna, quand elle reçut dans ses murs l'empereur Gratien, pour prendre celui de *Gratianopolis*, dont, à la longue, s'est formé le nom de Grenoble.

Maximien et Gratien l'ont embellie. Le premier y construisit une forte citadelle, dont il confia la garde à une garnison romaine. Il l'orna de deux portes ou arcs de triomphe, l'un au midi de la ville, l'autre au nord. Le premier, en l'honneur de Dioclétien son collègue à l'empire, fut appelé *Romana*

Jovia, et l'autre en son honneur, *Herculea*, du surnom d'Hercule qu'il prenoit; de même que la première rappeloit la foiblesse orgueilleuse de Dioclétien, qui n'étoit pas fâché qu'on le comparât à Jupiter. Les antiquités de la France nous ont conservé les deux inscriptions que l'on lisoit sur ces deux arcs de triomphe. Elles sont également semblables, et ne varient que dans le nom de la porte qui s'y trouve compris. Il nous suffira d'en transcrire une ici :

D. D. N. N. Imp. Cæs. Caius Aurel. Valerius.
Diocletianus P. P. invictus Augustus, et Imp.
Cæsar M. Aurel. Valerius Maximianus, Pius
Felix, invictus, Aug. muris Cularonensibus, cum
Interiobus ædificiis, providentia sua institutis
Atque perfectis portam Romanam Joviam (seu
Portam Viennensem Herculeam) vocari jusserunt.

Quant à l'empereur Gratien, outre son nom qu'il lui donna, il l'embellit de plusieurs édifices; il agrandit l'étendue de ses murailles, et la rendit l'une des plus belles villes des Gaules. Cet empereur infortuné, l'un des plus grands exemples que fournisse l'histoire de l'aveuglement ordinaire à la multitude, qui ne se soulève que trop communément contre l'homme vertueux, pour se ranger sous les lois d'un scélérat; Gratien qui, jeune encore, avoit déjà, par son génie, son courage et sa douce humanité, raffermi sur ses bases l'empire ébranlé par la foiblesse de son père Valentinien; qui, massacré à vingt-quatre ans dans les murs de Lyon, laissa par sa mort le trône à Maxime, l'un des plus lâches et vils yrans que la pourpre ait revêtu, et que le peuple romain eut un moment la bassesse de préférer à son prédécesseur; Gratien, dis-je, avoit une prédilection particulière pour Grenoble. Dans ses guerres contre les Goths et les Allemands, il avoit trouvé des secours importans, et une fidélité toujours soutenue dans ses habitans. S'ils le charmoient par leur attachement, il les charmoit à leur tour par sa douceur, sa modération, son équité. Tels sont les motifs qui le portèrent à répandre ses bienfaits sur cette ville, et il est présumable que s'il eût vécu, il en eût fait le siége de l'empire dans les Gaules. Sa mort ne mit point un terme à l'affection que les habitans avoient pour lui. Le deuil fut universel, et ils laissèrent éclater leurs regrets, au risque d'irriter son féroce successeur, qu'heureusement des soins plus importans retenoient ailleurs, et qui ne régna pas assez long-tems pour se venger des larmes que l'on donnoit à la mémoire de l'homme de bien.

Grenoble resta sous la domination des Romains jusqu'au quinzième siècle, que les Bourguignons s'en emparèrent. Depuis, elle a tour-à-tour porté le joug des Mérovingiens français, de l'empereur Lothaire, de Boson, de Charles-le-gros, de Louis l'aveugle, de Rodolphe II, et de ses deux fils Conrad, et Rodolphe-le-lâche, ensuite des dauphins, jusqu'à la transaction passée avec la première race des Valois.

L'Isère coupe Grenoble en deux parties inégales. La moins considérable est celle désignée par le nom de la *Perrière* : extrêmement resserrée entre la rivière et la montagne, elle est étroite, et ne consiste, pour ainsi dire, qu'en une seule rue, mais assez spacieuse. C'est dans l'autre partie que se trouve le quartier de *Bonne.* Il a pris ce nom du célèbre maréchal de Lesdiguières : c'étoit celui de sa famille. Cette famille de Bonne étoit de Saint-Bonnet de Champsaur dans le haut Dauphiné, et ce fut là que naquit en 1543, le grand homme dont je parle, et dont l'un des plus beaux édifices de Grenoble porte encore aujourd'hui le nom, hôtel de Lesdiguières. Le Dauphiné n'a pas été exempt des guerres du calvinisme. Né dans cette religion, Lesdiguières se distingua de bonne-heure parmi les soldats armés pour la défendre ; et ses talens le rendirent si recommandable, qu'après la mort du brave *Montbrun,* qu'Henri III fit assassiner juridiquement, comme je l'ai dit dans le département précédent, il fut unanimement choisi pour le remplacer dans le commandement en chef. Sous sa conduite, les calvinistes ne connurent plus que la victoire. Il ne leur manquoit, pour être entièrement maîtres du Dauphiné, que de s'emparer de Grenoble, et Lesdiguières en forma le projet. Le parlement alarmé lui députa un noble pour essayer de le fléchir ; mais imprudent dans le choix qu'il fit, il chargea de cette mission l'un des plus fougueux ligueurs de Grenoble. C'étoit un nommé *Moidieu,* aïeul d'un *Moidieu* qui, dans ce siècle-ci, s'est rendu célèbre dans les démêlés du parlement avec la cour. Ce ligueur parla à Lesdiguières avec une insolence, un emportement et une témérité sans exemple. Lesdiguières, dont le noble sang-froid égaloit le courage, ne put s'empêcher de sourire du ton *suppliant* d'un semblable négociateur, et lui répondit plaisamment : *Que diriez-vous donc, Monsieur, si, comme moi, vous teniez la campagne ?* L'avénement de Henri IV au trône mit fin aux inquiétudes de Grenoble ; mais l'estime que ce roi avoit conçue pour Lesdiguières, ne permit point que la différence des opinions religieuses l'empêchât d'employer ses talens ; il lui donna le commandement général des armées en Piémont, en Savoie et en Dauphiné. Ce fut alors que le fort Barreaux, l'une des clefs de la France dans ces cantons, fut construit ; et cette circonstance historique mérite que nous en disions un mot, parce qu'elle peint les hommes et les choses. Les armées de France et de Savoie étoient en présence ; le duc de Savoie, malgré le voisinage de l'armée française, osa, sur le territoire même du Dauphiné, faire construire ce fort Barreaux, et les ingénieurs qui dirigeoient l'ouvrage y déployèrent toutes les ressources de leur génie. Cette audace du duc de Savoie paroissoit d'autant plus extraordinaire, que depuis sept ans Lesdiguières n'avoit cessé de le battre ; mais ce qu'on ne pouvoit concevoir, c'est que Lesdiguières lui-même, à la tête d'une armée nombreuse et constamment victorieuse, souffrît presque sous ses yeux une semblable entreprise ; qu'il laissât les travailleurs conduire tranquillement à terme un semblable ouvrage, et qu'il ne fît aucun mouvement pour les troubler et ruiner leurs travaux. Tout le monde en murmuroit, et l'occasion qu'elle offroit aux ennemis de Lesdiguières pour le desservir dans l'esprit de Henri IV, étoit trop belle pour qu'ils négligeassent d'en profiter. Ils firent donc entendre à Henri IV que l'honneur de ses armes étoit compromis ; que l'inaction de Lesdiguières étoit funeste à l'état ; que jusqu'alors on s'étoit trompé sur son compte ; et que d'après une semblable conduite, il s'en falloit de beaucoup sans doute qu'il possédât les talens militaires qu'on lui avoit gratuitement prêtés. La calomnie fut plus loin encore ; elle laissa à entendre qu'il trahissoit les intérêts de sa patrie, et qu'il étoit secrètement vendu au duc de Savoie. Il faut rendre justice à Henri IV : il étoit toujours très-lent à se prévenir contre un homme de bien, et sur-tout contre un brave guerrier. Il prit le parti qu'en pareille occasion adoptent trop rarement les hommes qui gouvernent ; il s'adressa lui-même à Lesdiguières pour savoir à quoi s'en tenir sur ces rumeurs publiques. La réponse de ce général est remarquable : « Votre » Majesté, dit-il, avoit besoin d'une bonne forte- » resse pour tenir en bride celle de Montmélian : » puisque le duc de Savoie veut bien en faire la » dépense, il faut le laisser faire. Dès que la place » sera suffisamment pourvue de canons et de muni- » tions, je me charge de la prendre. » Un homme comme Henri IV étoit fait pour sentir la justesse de ces raisons. Lesdiguières, plus en faveur que jamais, tint parole ; il prit le fort Barreaux que le duc avoit construit, et la conquête de la Savoie entière en fut la suite. Qu'on me permette une seule réflexion, quoique ce fait assurément n'en aie pas besoin ; mais il est des vérités, triviales même, qu'il ne faut jamais se lasser de répéter. Supposez pour un moment un homme ordinaire à la tête du gouvernement ; grace à la cabale, Lesdiguières eût été disgracié ; le fort Barreaux n'eût pas moins existé ; c'eût été le duc de Savoie qui eût eu un pied en France, et la conquête du Dauphiné eût été le résultat de cette manœuvre de cour. Hommes qui gouvernez, pensez-y bien : le général que l'on se plaît souvent à noircir auprès de vous, souvent même aussi un simple individu que vous ne connoissez pas et qu'on vous empêche de connoître (parce que vos flatteurs, dans leur médiocrité, craignent les talens qui pourroient les éclipser ou les dévoiler, et qu'en conséquence ils ont grand soin de vous le peindre comme un être inutile); ces hommes, dis-je, serviroient mieux la patrie que ceux qui les éloignent ou les dénigrent; du moins ils ne vous mentiroient pas et ne vous flatteroient pas.

Nous verrons dans la suite ce même Lesdiguières jouer un beau rôle vis-à-vis d'un archevêque d'*Embrun*. Il étoit digne de naître sous une république ; et si l'on peut regarder comme une légère faute à sa gloire, l'abjuration qu'il fit à soixante et dix-neuf ans d'une religion dans laquelle il avoit cru pendant si long-tems reconnoître la vérité ; quoiqu'assurément rien ne doive être plus libre dans l'homme que les opinions religieuses; au moins peut-on présumer que s'il eût joint à sa fermeté naturelle, à son humanité, à sa tolérance même, vertus si rares dans le siècle où il vivoit, ce sentiment de liberté républicaine qui asservit l'homme à la voix de sa conscience, et le rend indépendant des suggestions, des circonstances, des honneurs et des erreurs vulgaires dont on l'assiége, il ne se fût pas abandonné à ce léger acte d'inconstance dont le bâton de connétable fut le prix. La cérémonie s'en fit avec beaucoup d'éclat à Grenoble. Quoi qu'il en soit, il faut lui rendre la justice de dire qu'il n'en abusa point pour persécuter le parti qu'il abandonnoit, et qu'il ne se servit d'autre moyen pour le contenir, que de la réputation qu'il s'étoit faite dans la guerre, qui ne permettoit guère aux Protestans de se mesurer avec lui.

Le quartier de Bonne à Grenoble est magnifique. Toutes les rues y sont larges, belles et bien percées: l'on y voit plusieurs places. Il en est une ronde à-peu-près comme la place des Victoires nationales à Paris ; c'est sur celle-là que l'on voit le palais de justice que jadis occupoient ensemble le parlement, la chambre des comptes et celle des finances. Ce bâtiment n'a rien de remarquable. La place dite *Grenelle*, est d'une belle proportion, bien entourée, bien percée, et les bâtimens qui la composent sont d'une bonne architecture. C'est sur celle-ci que se trouve la maison commune, bâtiment extrêmement simple et commode. Entre les différens hôpitaux que possède cette ville, celui que l'on nomme spécialement hôpital-général, est un magnifique édifice, solidement construit, vaste, bien airé, et offre quatre grands corps-de-logis, où les malades se trouvent à leur aise, et ne sont jamais en assez grand nombre pour se nuire réciproquement, à moins que ce ne soit en tems de guerre ou dans quelques circonstances particulières, telles qu'une épidémie. Le cours et le jardin de Lesdiguières attenant à la maison qui porte le même nom, sont les deux promenades publiques, et l'une et l'autre sont agréables; mais c'est dehors qu'il faut chercher les beaux sites.

La situation de Grenoble les rend aussi variés que pittoresques. Cette ville bâtie dans une plaine qui, du pied de la montagne de *Chelemont,* s'étend vers l'orient, se trouve, par le voisinage de l'Isère et du *Drac,* torrent extrêmement dangereux lors de la fonte des neiges, entourée de paysages délicieux : les côteaux chargés de vignes et de maisons de plaisance; l'âpreté des rives du Drac, qui contraste avec la richesse de la plaine; la culture qui l'embellit et les jardins qui la décorent; la rapidité de l'Isère, qui mêle le fracas de ses ondes au mugissement des troupeaux, au tumulte des moissons, aux chants des oiseaux; l'aspect sauvage des Alpes encore éloignées, qui tranche avec le spectacle du luxe qui forme la ceinture des grandes villes, voilà ce qui frappe, attache et amuse l'œil du voyageur, et donne à ce séjour un charme qui l'y retient malgré lui.

François premier, à l'exemple de Gratien, avoit résolu d'embellir Grenoble, et d'agrandir l'enceinte de ses murailles. Déjà les travaux étoient commencés, mais la mort de ce roi vint les suspendre; et d'autres intérêts animant la cour de son fils,

Vue d'une Cascade de la Sere

Grand Lac de Luc.

Grenoble.

qui n'avoit point hérité de son amour pour les arts, ces projets demeurèrent sans exécution.

Outre le siége de Grenoble fait par Lesdiguières sous Henri IV après la défaite du duc de Savoie, et qui lui valut le gouvernement de cette ville, elle a dans d'autres tems encore éprouvé le fléau de la guerre. En 1562, lorsque le baron des Adrets signaloit ses fureurs dans cette partie de la France, les protestans s'en emparèrent, et s'attachèrent bien plus à détruire les statues et les images des églises, qu'à tourmenter les habitans. Des Adrets y vint bientôt lui-même avec une cavalerie assez nombreuse ; mais heureusement il n'y fit pas un long séjour, et il en sortit bientôt pour chercher *Maugiron*, qui commandoit les royalistes en Dauphiné. Il s'empara des châteaux de la *Bussière* et de *Mirebel*; et à cette époque ce fut la chartreuse dont nous parlerons bientôt, qui souffrit le plus ; elle fut entièrement réduite en cendres.

Le parlement de Grenoble devoit sa création à Louis XI, en 1451. On doit à ce corps cette justice de dire que graces à cet amour de liberté que les Dauphinois avoient hérité des Allobroges leurs aïeux, et qui les a placés, à l'origine de la révolution, au premier rang dans l'estime publique, il fut l'un de ceux qui, dans tous les tems, se distingua le plus par sa résistance au despotisme ; et que, malgré son aristocratie, que rendoit inévitable ses élémens constitutifs, il conserva toujours une sorte de fierté républicaine gênante pour les rois, et des idées libérales qui lui faisoient apprécier la dignité des droits de tous.

Il en fournit un exemple frappant, lorsqu'en 1644, dans le procès du maréchal de la Mothe, il brava la puissance du cardinal de Richelieu. Dans la guerre d'Espagne, ce général voulant empêcher la prise de Lerida, fut battu par dom Philippe de Selve. Le malheureux succès de cette journée fit tomber Lerida; Balaguier fut pris, et le maréchal de la Mothe se vit contraint à lever le siége de Tarragone. Le cardinal furieux le rappela, le fit arrêter et conduire à *Pierre-Cise.* Une intrigue de cour vint s'unir au ressentiment de Richelieu. Desnoyers étoit encore secrétaire d'état de la guerre, et le maréchal étoit son ami intime. Le Tellier convoitoit cette place; et dans l'espoir d'y parvenir, il fortifia la haine du cardinal de l'appui de toute sa cabale, et s'attacha à perdre le protégé, pour renverser plus facilement le protecteur. Le maréchal fut traduit de tribunaux en tribunaux; mais aucun d'eux n'ayant conclu à lui faire perdre la tête, comme le desiroient ses ennemis, il fut envoyé devant le parlement de Grenoble, dont l'on crut avoir meilleure composition. Il n'en fut pas ainsi : ce parlement mit à cette cause, sur laquelle toute la France avoit les yeux ouverts, une solemnité extraordinaire. Après l'examen le plus mûr, le plus réfléchi et le plus public, le maréchal fut jugé par toutes les chambres assemblées, comme on disoit alors, et déclaré *unâ voce,* innocent, et sur-le-champ mis en liberté, malgré la lettre-de-cachet.

Si

Si ce département s'est montré l'un des premiers à la tête de ceux qui ont secoué le joug de la monarchie, il a de même moins dérogé qu'un autre aux sentimens généreux qui font haïr la tyrannie; et dans l'histoire il aura la gloire de se montrer aussi moins souillé par les excès dont le cœur des amis sincères de la liberté ont tant de fois gémi. C'est une des parties de la France où les lumières avoient le plus pénétré, et cette circonstance a dû nécessairement influer sur la conduite d'hommes naturellement fiers, spirituels, et d'un tact singulièrement fin. Il eût été douloureux que le berceau de Condillac et de Mably eût été déshonoré par des crimes si injustement imputés à la philosophie, et si indignes d'elle.

Louise Sarment, l'une des Muses françaises; cet abbé de Tencin, archevêque de Lyon, si spirituel, et plus digne d'estime sans doute s'il n'eût pas persécuté le célèbre Soanen; madame de Tencin sa sœur, à qui nous devons l'intéressant roman du *Siége de Calais*; cet abbé Baral, antiquaire si savant; ce Vancanson si ingénieux; ce Gentil Bernard si plein de grâces; ce Lamorlière même, dont la licence est déplorable, et malheureusement séduisante; et plusieurs autres qui, vivans encore, honorent par de grands talens et les lettres et les sciences, et que je ne puis me permettre de nommer : voilà, avec Condillac et Mably, les dons que Grenoble a faits à la France savante.

Qui croiroit que le ciel eût placé si près de là des hommes qui, dans le fond d'une solitude affreuse,

C

silencieusement ensevelis sous le poids des richesses et de l'oisiveté, avoient fait le vœu d'une opulente inutilité? Etrange égarement de la raison, qui suppose que, pour plaire à Dieu, il faut dérober à ses semblables le tribut de sa vie; et que l'on marche sur les traces du Christ, qui porta l'amour pour l'espèce humaine jusqu'à mourir pour elle, en mettant un mur éternel de séparation entre l'homme et l'humanité! Encore, quand la pauvreté, les souffrances, les privations de tous genres, la renonciation volontaire à toute espèce de sentimens, de voluptés et de plaisirs, entouroient l'individu trompé par une imagination exaltée; du moins cette sorte de supplice, spontanément choisie par les aveugles malheureux qui sembloient en faire leurs délices, avoit-elle quelque chose de religieux, d'auguste même dans sa folie; et le courage à la supporter réclamoit la vénération que l'on refusoit à l'erreur! Mais conserver tout ce que n'estime que trop le monde, c'est-à-dire les richesses, la bonne chère et l'oisiveté; se dire, je jouirai de tout cela, et j'en jouirai seul sans prendre le moindre intérêt au reste des mortels; je me nourrirai sans soins, sans peines, sans inquiétude et sans partage de tous les dons de la terre, de tous les travaux du laboureur, des sueurs de toute une province, des héritages de cent familles; et le ciel sera la récompense de cette bienheureuse pénitence! j'ose le dire, c'est un attentat contre la divinité même, qui, constante dans sa marche, soit sagesse de sa part, soit nécessité que la profondeur de ses propres lois nous en reste cachée, n'accorde rien à l'homme qu'il ne l'achète par des peines. Telle étoit cependant la vie, la mortification, la pénitence des chartreux, le plus riche de tous les ordres religieux; celui qui fut le moins utile aux lettres, aux sciences et aux arts, quoique peuplé de gens instruits ; le moins utile à la société, puisque son premier devoir étoit de rompre tout commerce avec elle; le moins utile à la religion même, puisque la chaire, la parole et les relations extérieures du culte lui étoient étrangères.

Un homme du onzième siècle, homme d'esprit il faut le dire; né dans Cologne; élevé dans Paris au milieu de tout ce que la France possédoit alors d'illustre dans les sciences, la philosophie et la théologie; doué d'une imagination brillante, mais exaltée, et par conséquent susceptible de se livrer à ce délire religieux, caractère bizarre mais distinctif des tems où il vivoit; indocile au joug, et par cela même enclin à n'avoir d'autre tyran que ses propres idées; et destiné à être d'autant plus l'esclave de ses passions métaphysiques, qu'il étoit par sentiment d'indépendance moins appelé à se soumettre à celle d'autrui; avide de gloire, et conséquemment ambitieux de cet héroïsme cénobite que son siècle plaçoit au premier rang de l'héroïsme; cet homme, dis-je, *Bruno*, passe de la cathédrale de Cologne à celle de Rheims; et son esprit indompté croit découvrir un tyran dans l'archevêque Manassés, non qu'il le fût, mais parce qu'il étoit archevêque et que Bruno ne l'étoit pas. Il lui faut un empire; il lui faut une domination; il va trouver l'un dans les rochers du Dauphiné, et quelques disciples lui assurent l'autre : car il est tant de fous qui n'ayant ni le courage ni le génie de fonder une grande folie, ont l'esprit d'imitation et de flatterie nécessaires pour former la cour des grands fondateurs des folies humaines. Ce n'est point la résurrection d'un mort, fable démentie par l'église elle-même, et qui ne reçoit plus aujourd'hui d'autre droit à frapper nos regards, que des magnifiques et savans pinceaux de Le Sueur (5); c'est l'ambition, c'est l'indépendance, c'est le besoin de gouverner qui conduisent Bruno dans ses solitudes effrayantes : voilà les génies immortels qui se sont assis sur le berceau des chartreux; et Bruno se fit un peuple à part, parce qu'aucun peuple du monde n'avoit de couronne à lui donner.

Deux chemins différens conduisent de Grenoble à la grande chartreuse, appelée *grande* parce qu'elle étoit le chef-lieu de l'ordre. L'un de ces chemins passe par le *Sapey*, et c'est le plus facile; l'autre par *Saint-Laurent-Dupont*, et c'est le plus dangereux. En passant par le Sapey, il faut gravir une montagne couverte de sapins, et à son revers l'on descend dans une vallée où l'on rencontre le village de Chartreuse; de là l'on gagne le pont par lequel on pénètre dans l'enclos des chartreux. Ce pont est sur un torrent appelé *Guiert-Mort*, dont le lit sépare deux rochers qui semblent se toucher. De ce pont à la maison des moines, il y a encore près d'une lieue, et le chemin va toujours en montant. On rencontre dans la route la *cour-*

Entrée de la grande Chartreuse.

rerie ; c'est la maison où demeuroit le procureur et les officiers dont les emplois avoient quelque rapport à ses fonctions ; c'est là que se trouvoit l'imprimerie et les salles où les novices s'occupoient à filer la laine dont on fabriquoit dans l'intérieur les habits des moines.

Le chemin par *Saint-Laurent-Dupont* est pratiqué au milieu des précipices ; et malgré les précautions que l'on a prises, il est encore très-dangereux. De ce côté-là, le désert est vraiment affreux. Parvenu au monastère, la grandeur et la beauté des bâtimens sont admirables ; et quoique la suppression de ces religieux ait apporté aujourd'hui de grands changemens dans cette retraite, dérobée non-seulement au monde mais encore pour ainsi dire au soleil, ce qui reste des édifices suffit pour en donner une grande idée. Le cloître étoit d'une étendue prodigieuse. L'irrégularité du terrain avoit forcé l'architecte à le construire en pente ; ce défaut empêchoit que l'on ne pût d'une extrémité apercevoir l'autre ; mais cela même lui donnoit un aspect tout-à-la-fois singulier et piquant. Par ce cloître, on communiquoit aux cellules, qui toutes étoient également distribuées, se composoient de différentes petites pièces, et étoient accompagnées d'un jardin que chaque religieux cultivoit à sa manière. La bibliothèque, à ce que l'on assure, étoit précieuse ; les livres ont été transportés dans des dépôts, et l'on ne voit plus que l'emplacement, qui nous en a paru noble et bien entendu. Le réfectoire, la salle du chapitre général et l'église étoient vastes, et d'une simplicité remarquable. Tous les portraits des généraux décoroient la salle du chapitre, et elle étoit attenante à une longue galerie, où l'on voyoit le plan de toutes les chartreuses du monde chrétien. Les chambres où l'on logeoit les étrangers étoient commodes. Les bâtimens consacrés à l'apothicairerie, à l'infirmerie, à la menuiserie, à la corderie, aux fours, ainsi que les greniers, les selliers, les caves, étoient immenses ; et cela devoit être, car l'on assure que cette maison contenoit plus de cent religieux sans compter les domestiques nécessaires au détail d'une semblable administration, et à la manutention de ses énormes richesses. Il est possible de se faire une idée de cette opulence, si l'on songe que cette chartreuse, comme on le dit, a été brûlée dix-huit fois, et que dix-huit fois on l'a réédifiée avec la même magnificence. Le site sauvage ; la prodigieuse élévation des rochers ; la sombre horreur des sapins qui les couronnent ; le bruit du torrent qui se précipite sur les rocs ; la solitude ; la température souvent orageuse, le souvenir des douleurs qui tant de fois ont dû troubler les jours des malheureux habitans de ce tombeau ; les pleurs qu'arrache aux cœurs sensibles l'un des plus funèbres tableaux des erreurs de l'homme ; tout porte dans l'ame un sentiment de terreur dont on a peine à se défendre : et le desir de s'en éloigner est aussi vif que celui de la curiosité qui sut vous y conduire. Une existence de sept cents ans pour une institution semblable est la véritable merveille du Dauphiné.

Je réunirai ailleurs, sous un seul point de vue, ce que la crédulité et l'ignorance honorèrent longtems dans ce pays-ci du nom de merveilles : parce que l'on avoit dit de certains chefs-d'œuvres de l'art, les sept merveilles du monde, l'on a dit de même les sept merveilles du Dauphiné. Il n'en est pas une seule cependant que la physique n'explique.

Saint-Marcellin pour ses toiles, *Sassenage* pour ses fromages, la *côte Saint-André* pour ses liqueurs, *Rives* pour ses acieries, *Vizille* pour ses troupeaux, sont des communes dignes d'intérêt. *Pont de Beauvoisin* a cessé d'en offrir depuis que la liberté a confondu la Savoie avec la France, et qu'elle a réuni les descendans de ces Allobroges si fameux dans l'antiquité.

Les montagnes de ce département, dont les entrailles renferment de l'or et du cuivre en abondance, et dont la superficie est couverte de bois magnifiques, offrent de grandes ressources à la République. Si le gouvernement leur accorde l'attention qu'elles méritent, l'exploitation peut occuper des milliers de bras; et l'occupation est la richesse des Républiques. C'est le pays qui fit le plus pour la liberté, qui doit naturellement recueillir les bienfaits qu'elle donne. Il faudroit, ce me semble, encourager l'industrie à connoître les trésors que la nature a cachés dans ces contrées; et la puissance de l'état s'accroîtroit des tentatives que les particuliers sont toujours disposés à faire pour accroître leur puissance individuelle.

NOTES.

(1) Temple vraiment magnifique, parallélograme dont les colonnes d'un bel ordre corinthien ont quatre-vingts pieds d'élévation à-peu-près avec les chapiteaux et les corniches. Six colonnes pareilles décoroient les deux extrémités de l'édifice. Ceux qui ont transformé ce temple en église ont tout abîmé, tout détruit, tout dégradé; et les vestiges suffisent à peine pour donner une idée de son élégance. La barbarie a été complète.

(2) On voyoit dans le chœur de cette cathédrale le tombeau de François Dauphin, fils de François premier, et mort empoisonné par Montecuculli, non sans quelque honte pour l'empereur Charles-Quint.

Le plus beau monument de cette église, est celui que l'on doit au ciseau de René-Michel Slodtz, sculpteur français du dix-huitième siècle. C'est un mausolée commun à deux archevêques de cette ville, M. de Montmorin et le cardinal d'Auvergne son successeur. Le premier est à demi couché sur le tombeau; le second est debout. Ils se tiennent par la main, et le plus ancien semble appeler l'autre. Les draperies sont nobles, les habits magnifiques; les têtes sont des portraits, et elles brillent de vérité et d'expression. Les deux figures principales, de grandeur plus que nature, sont de marbre blanc, placées sur un cénotaphe de marbre noir. Les deux petits génies sont pleins de grâces dans leur douleur. Le monument est adossé à une grande pyramide de marbre veiné, symbole de l'immortalité. On lit aux pieds du tombeau, sur une lame de cuivre, cette belle épitaphe:

MENS UNA, CINIS UNUS.

Le sculpteur Slodtz, plus connu sous le nom de *Michel-Ange*, jouit en Italie d'une réputation distinguée, pour avoir obtenu de décorer d'un groupe la basilique de Saint-Pierre de Rome;

honneur envié de tous les artistes, et que tous n'ont pas obtenu. Ce groupe représente saint Bruno refusant la mître qu'un ange lui présente. Un de ses plus beaux ouvrages est le tombeau du marquis Caproni, à Saint-Jean-des-Florentins. A Paris, le tombeau du curé de Saint-Sulpice *Languet* de Gergy, que l'on confia à ses talens, a éprouvé des critiques; quoique beaucoup de parties, telles que les draperies par exemple, soient dignes d'admiration. Deux têtes de Calchas et d'Iphigénie que l'on voit à Lyon, et la statue d'Annibal remplissant une urne des anneaux des chevaliers Romains tués à la bataille de Cannes, que l'on voit dans le jardin des Tuileries à Paris, sont également de lui.

(3) Une femme s'est illustrée par son courage dans le neuvième siècle, en soutenant dans Vienne un siége mémorable. En 880, Louis et Carloman, rois des Français, et Louis le Germanique, s'unirent pour marcher contre Boson, qui s'étoit fait proclamer roi à Arles. Après avoir remporté sur lui plusieurs victoires signalées, ils vinrent mettre le siége devant Vienne. Cette ville étoit alors très-fortifiée. Elle avoit une forte garnison et de nombreuses provisions. Hermengarde, princesse ambitieuse qui s'y trouvoit alors, s'empara du commandement, et s'en montra digne par sa valeureuse résistance. Les trois monarques, après avoir vainement tenté nombre d'assauts furieux et livré des combats terribles et réitérés, furent contraints à changer le siége en blocus. La fermeté d'Hermengarde le prolongea pendant deux ans. Enfin, Vienne fut contrainte, par la famine, d'ouvrir ses portes. Hermengarde fut arrêtée avec sa fille, et conduite à Autun. L'histoire se tait sur son sort.

(4) Je n'ai besoin ici ni d'indiquer ni de faire l'éloge de Condillac et Mably. Il suffit seulement de nommer ces deux célèbres philosophes pour réveiller le souvenir de leur gloire. De ces deux illustres frères, Condillac, le plus jeune, mourut membre de l'Académie française en 1780 le 2 août, et Mably le 20 avril 1785.

Grenoble a produit encore d'autres hommes célèbres, entr'autres *Fontanelle*, auteur de la tragédie des Vestales, et d'une traduction estimée des Métamorphoses d'Ovide; et Barnave, que les amis de la liberté n'oublieront jamais, à qui les historiens impartiaux reprocheront quelques erreurs, et dont les amis de la patrie déploreront la mort.

Vienne n'a pas été moins fertile en hommes célèbres. L'antiquité lui doit un de ses plus recommandables orateurs, *Trebonius Ruffinus*, qui vivoit sous Trajan, et exerça le duumvirat dans sa patrie. Pline le jeune en faisoit une grande estime. Il défendit aux athlètes de combattre nus : on lui en fit un crime. Il plaida sa cause à Rome devant l'empereur, et son éloquence la lui fit gagner.

Nicolas Chorier, auteur d'une Histoire estimable du Dauphiné, étoit de Vienne, et déshonora ses talens par les livres les plus licencieux.

Ce fut aussi la patrie de *Innocent Gentillet*, dont les écrits polémiques attaquèrent vivement le concile de Trente, et se firent lire alors avec beaucoup d'avidité; de *La Faye*, mécanicien célèbre, membre de l'académie des sciences, et capitaine aux gardes; de *Boissat* père, auteur d'une Histoire de Malthe, publiée par son fils, auteur lui-même des Amours d'Alexandre Castriot; de l'abbé d'*Artigny*, à qui l'on doit des Mémoires sur l'Histoire; et de quelques autres dont les titres sont moins recommandables.

Maugiron, maréchal-de-camp, l'un de nos plus aimables poètes anacréontiques, et dont trop peu de vers ont été imprimés, étoit aussi du Dauphiné. C'est de lui cette charmante pièce qu'il composa peu de jours avant sa mort, et qui finit par ces vers :

> Mourir ainsi dans les bras de l'amour,
> C'est de la mort ne pas subir l'atteinte :
> C'est s'endormir vers le soir d'un beau jour.

Nous parlerons ailleurs du bon et brave *Bayard*, et nous terminerons cette nomenclature par *Monteynard*, le plus probe des ministres du règne de Louis XV.

(5.) Personne n'ignore que l'un des plus beaux ouvrages du célèbre *Le Sueur* est la vie de saint Bruno, dont on admiroit la suite aux Chartreux de Paris, et qui maintenant est au musée de Versailles.

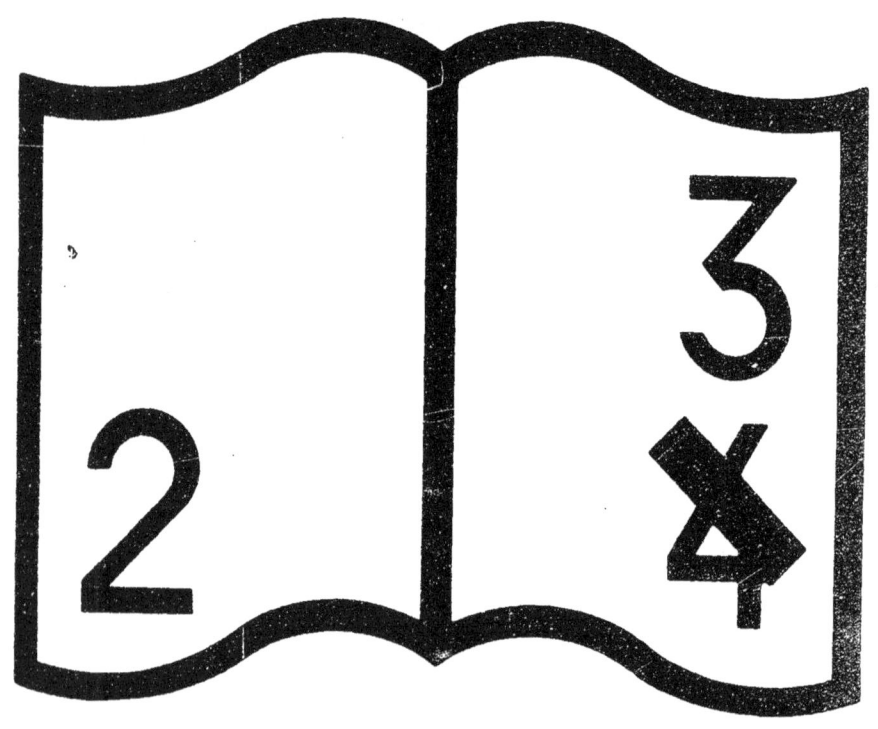

Pagination incorrecte — date incorrecte

www.ingramcontent.com/pod-product-compliance
Lightning Source LLC
Chambersburg PA
CBHW071341150426
43191CB00007B/812